彩图 1

彩图 2　鸡场总体布局

彩图 3　放养蛋鸡简易鸡舍

彩图 4　叠层式育雏鸡笼

彩图 5　落地散养育雏

彩图 6　林地围网养鸡模式

彩图7　林地鸡舍

彩图8　林下和灌丛草地养鸡模式

彩图 9　山地放牧养鸡模式

彩图 10　果园放养土鸡模式

彩图 11　鸡新城疫（嘴流出污秽物）

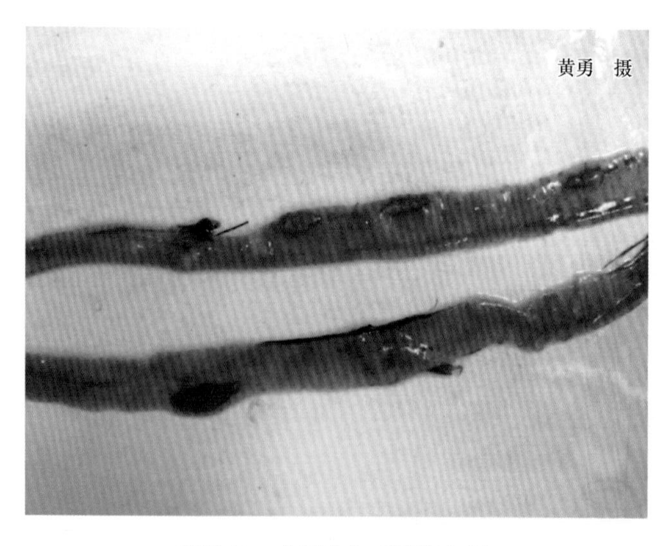

彩图 12　鸡新城疫（肠道溃疡）

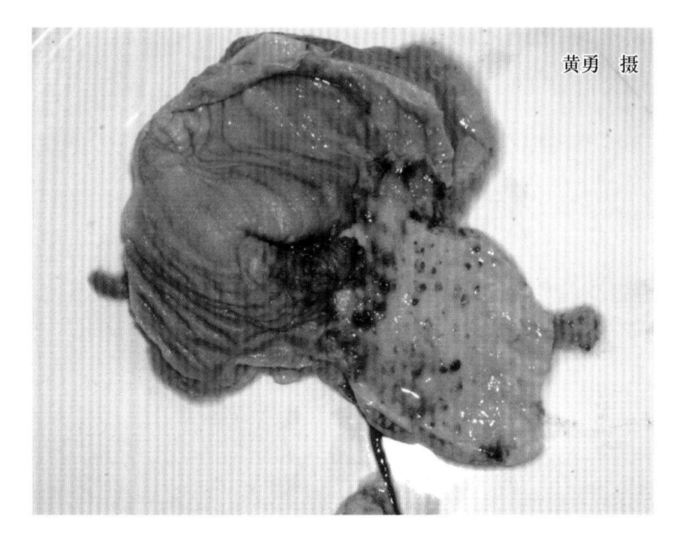

彩图 13　鸡新城疫（腺胃乳头出血）

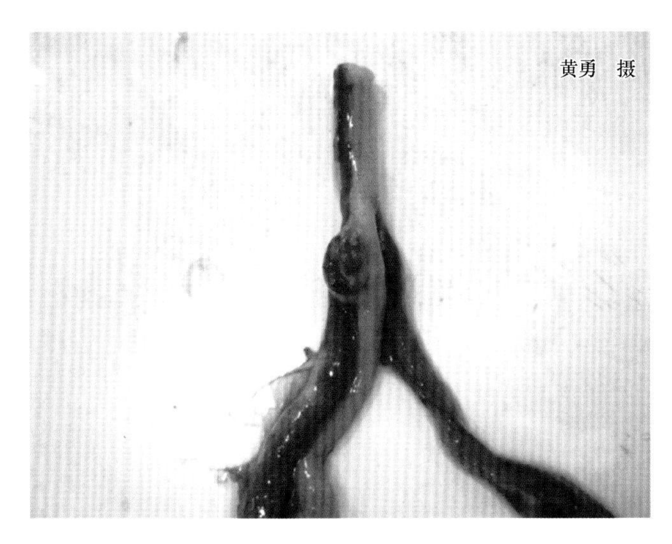

彩图 14　鸡新城疫（盲肠扁桃体出血）

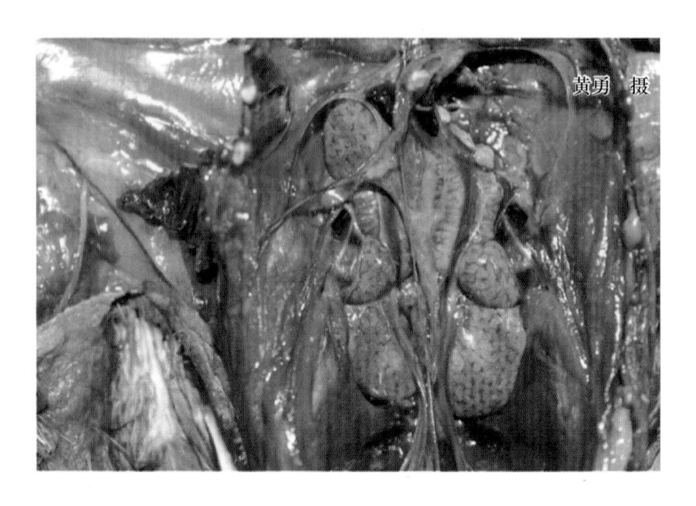

彩图 15　鸡传染性支气管炎（花斑肾）

彩图 16　H9N2 亚型禽流感（脸面肿胀及眼分泌物增多）

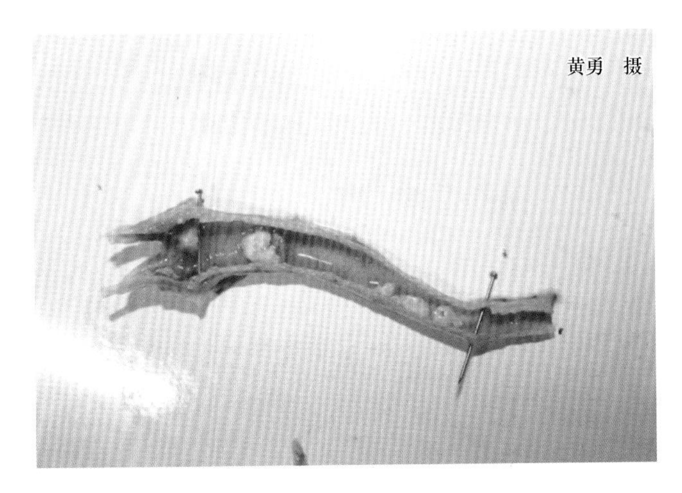

彩图 17　H9N2 亚型禽流感（气管炎）

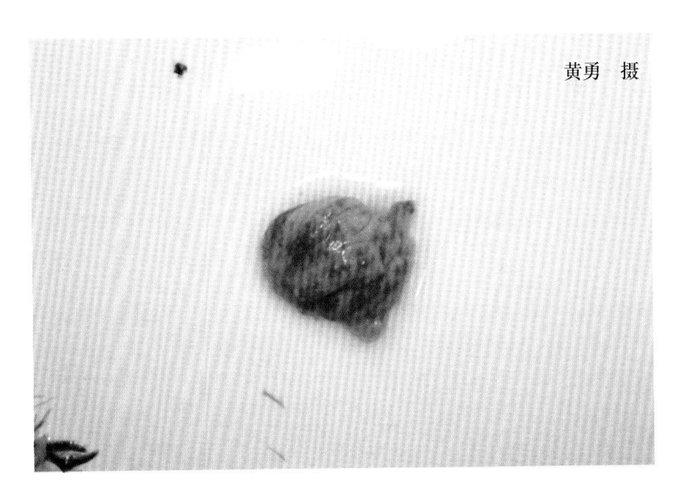

彩图 18　鸡传染性法氏囊病（法氏囊出血）

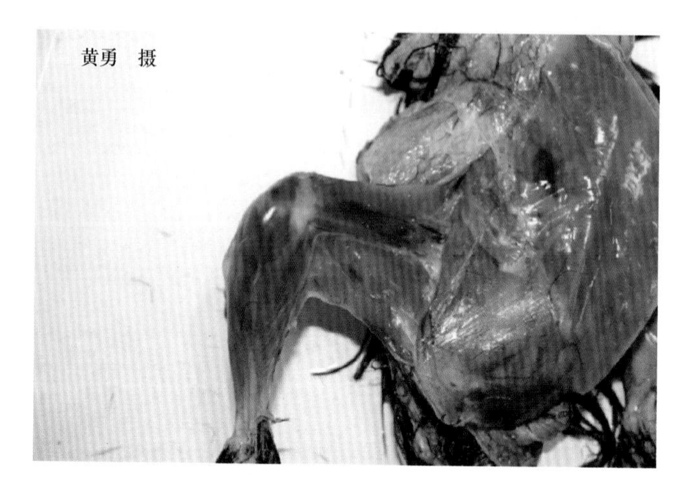

彩图 19　鸡传染性法氏囊病（腿肌及胸肌出血）

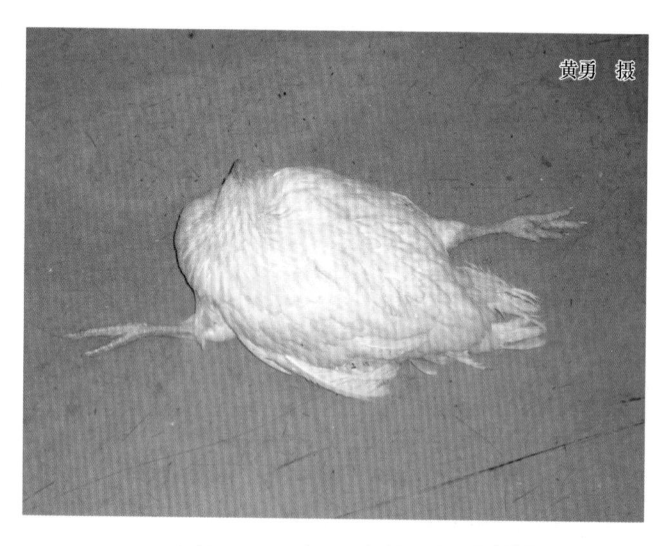

彩图 20　鸡马立克氏病（劈叉式）

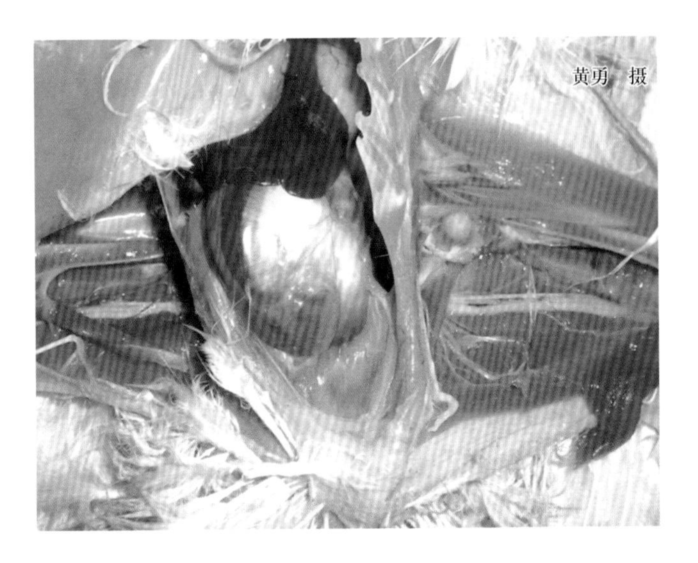

彩图 21　鸡马立克氏病（单侧坐骨神经肿大）

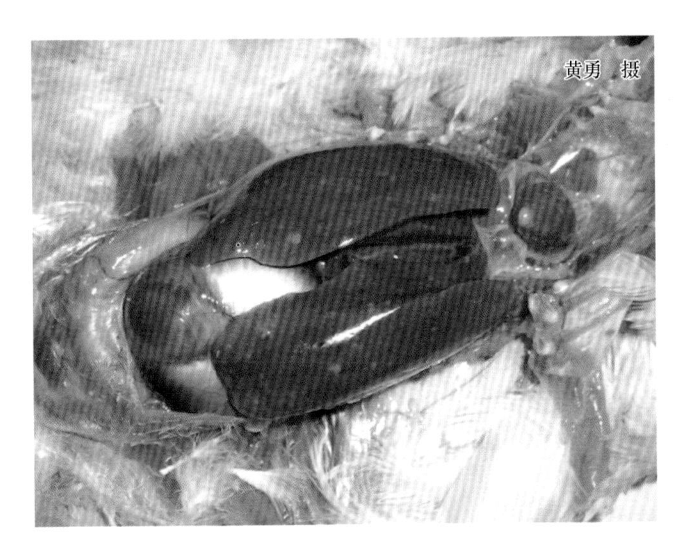

彩图 22　鸡马立克氏病（肝脏肿瘤）

彩图 23　鸡马立克氏病（肺脏肿瘤灶）

彩图 24　鸡马立克氏病（灰眼）

彩图 25　鸡 J 亚型白血病（胸骨奶油状肿瘤）

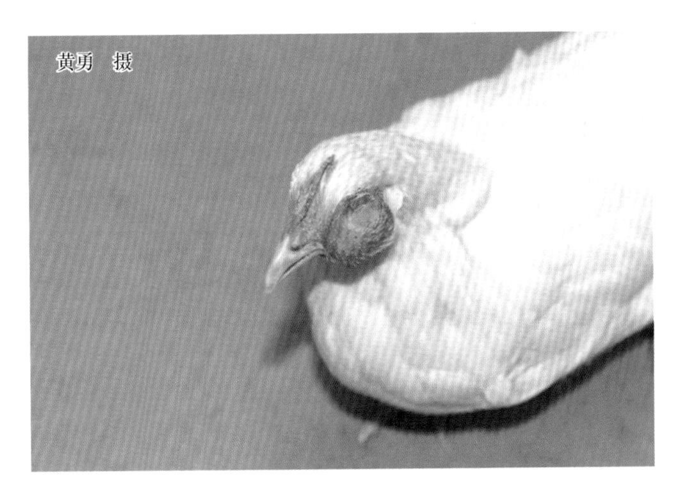

彩图 26　鸡传染性鼻炎（眼眶肿胀及眼化脓）

彩图 27　鸡大肠杆菌病

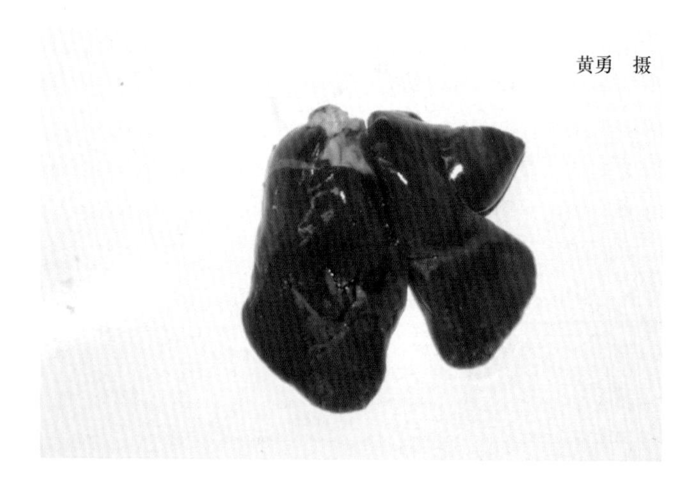

彩图 28　鸡白痢（肝脏边缘有坏死灶）

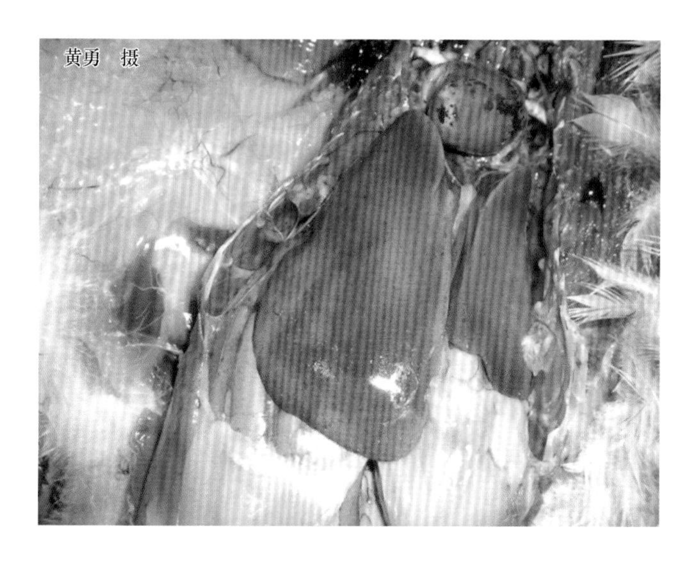

彩图 29　禽霍乱（肝脏针尖大出血和坏死）

彩图 30　鸡葡萄球菌性关节炎

果园林地生态养鸡与鸡病防治

刘益平　编著

机　械　工　业　出　版　社

本书系统地介绍了果园林地生态养鸡与鸡病防治技术，主要内容包括场地的选择、鸡舍的建设与设备，放养土鸡的营养需要与饲料配制，育雏关键技术，果园林地生态养鸡模式与饲养技术，散养鸡场经营管理，放养鸡的常见疾病防治。

本书紧扣当前生产实际，注重科学性、系统性、实用性和先进性，重点突出，通俗易懂，不仅适合鸡场饲养技术人员、管理人员和养殖户阅读，而且可以作为大专院校、农村函授及相关培训班的辅助教材和参考书。

图书在版编目（CIP）数据

果园林地生态养鸡与鸡病防治/刘益平编著. —北京：机械工业出版社，2017. 5（2019.1重印）
（经典实用技术丛书）
ISBN 978-7-111-56216-0

Ⅰ. ①果… Ⅱ. ①刘… Ⅲ. ①鸡 - 生态养殖 ②鸡病 - 防治 Ⅳ. ①S831. 4 ②S858. 31

中国版本图书馆 CIP 数据核字（2017）第 041021 号

机械工业出版社（北京市百万庄大街 22 号 邮政编码 100037）
策划编辑：周晓伟 郎 峰 责任编辑：周晓伟
责任校对：炊小云 封面设计：马精明
责任印制：李 飞
北京云浩印刷有限责任公司印刷
2019 年 1月第 1 版第 2 次印刷
140mm×203mm · 4. 375 印张 · 8 插页 · 111 千字
4001—7000册
标准书号：ISBN 978-7-111-56216-0
定价：20. 00元

凡购本书，如有缺页、倒页、脱页，由本社发行部调换
电话服务 网络服务
服务咨询热线：010-88361066 机 工 官 网：www. cmpbook. com
读者购书热线：010-68326294 机 工 官 博：weibo. com/cmp1952
010-88379203 金 书 网：www. golden-book. com
封面无防伪标均为盗版 教育服务网：www. cmpedu. com

前　言

目前，人们的消费观念发生了极大变化，开始崇尚自然、追求健康和注重产品质量与安全。规模化、工厂化舍内养鸡虽然极大地提高了劳动生产率和产品数量，但由于高度的密集饲养，鸡的各种天性不能充分发挥，鸡体处于亚健康状态，导致产品质量差，如口味不佳、蛋黄颜色浅、蛋白稀薄、胆固醇含量高、肉质差、药物含量超标以及污染严重等，影响到产品的消费和销售。

果园林地生态养鸡是从农业的可持续发展出发，依据生态学和生态经济学原理，结合果园、林地、草山草坡、农田等可放牧地的特点，充分利用土地、空间和自然的饲料资源，将传统的放养方式与现代科学技术有机地结合起来，生产优质的鸡蛋和鸡肉，以满足市场需要，提高生产者综合效益。我国有着丰富的果园、林地、草场、山地以及农田等资源，可以进行生态养鸡，既能充分利用丰富的自然饲料资源，减少精饲料消耗，保证鸡群的健康，减少药物使用量，降低生产成本，生产出优质的肉蛋产品，又能保护农作物和减少环境污染。

我国果园林地规模化生态养鸡起步较晚，生产中存在很多技术问题和管理问题，导致鸡群死亡淘汰率高、生产性能低、产品质量没保证、饲养效益不显著等，影响到果园林地生态养鸡业的稳定发展。针对此类问题，特编写了本书。本书包括七章内容，分别是概述、场地的选择、鸡舍的建设与设备，放养土鸡的营养需要与饲料配制，育雏关键技术，果园林地生态养鸡模式与饲养技术，散养鸡场经营管理，放养鸡的常见疾病防治。本书所用药物及其使用剂量仅供读者参考，不可照搬。在生产实际中，所用药物学名、常用名与实际商品名称有差异，药物浓度也有所不同，建议读者在使用每一种药物之前，参阅厂家提供的产品说明以确认药物用量、用药方法、用药时间及禁忌等。购买兽药时，执业兽医有责任根据经验和对患病动物的了解决定用药量及选择最佳治疗方案。本书紧扣当前生产实际，注重科学性、系统性、实用性和先进性，重点突出，通俗易懂，不仅适合鸡场饲养技术人员、管理人员和养殖户阅读，而且可以作为大专院校、农村函授及相关培训班的辅助教材和参考书。

由于编著者水平有限，书中难免有错误和不当之处，恳请读者不吝赐教。

编著者

目　录

前言

第一章　概述

第一节　我国养鸡业的发展概况 …… 2
第二节　我国养鸡业的近期发展趋势 …… 3
一、禽肉、蛋消费需求量增长空间 …… 3
二、种群发展趋势 …… 3
三、我国禽业的未来发展方向 …… 3
第三节　我国农村养鸡存在的问题及对策 …… 4
一、科技含量低 …… 4
二、防疫系统不健全，用药不科学 …… 6
三、废弃物对环境污染严重 …… 7
四、市场意识弱，“误导”现象多 …… 7
五、对策 …… 8
第四节　果园林地生态养鸡品种选择与杂交配套系利用 …… 9
一、品种选择原则 …… 9
二、适合放养的地方鸡品种和育成鸡品种 …… 11
三、优质肉鸡配套生产 …… 17

第二章　场地的选择、鸡舍的建设与设备

第一节　放养场地的选择 …… 19
一、场址选择的原则 …… 19
二、场地位置 …… 20
三、水源 …… 21
第二节　鸡场建筑物的总体布局 …… 22
第三节　鸡舍的建设 …… 23
一、各种简易鸡舍的建筑要求 …… 23

二、简易鸡舍 …………… 24
三、普通鸡舍 …………… 25
四、塑料大棚鸡舍 ……… 26
五、开放式网上平养无过道鸡舍 ………………… 27
六、利用农舍等改建的鸡舍 ………………… 27
七、封闭式鸡舍 ………… 28
第四节 养鸡设备和用具 …… 29
一、增温设备 …………… 29
二、食盘和食槽 ………… 30
三、饮水设备 …………… 31
四、育雏鸡笼 …………… 31
五、栖架 ………………… 32

第三章 放养土鸡的营养需要与饲料配制

第一节 放养土鸡的营养需要 ……………… 33
一、水 …………………… 34
二、碳水化合物 ………… 34
三、蛋白质 ……………… 34
四、脂肪 ………………… 34
五、维生素 ……………… 34
六、矿物质 ……………… 35
第二节 土鸡的饲养标准 …… 35
第三节 可用于饲喂土鸡的饲料原料 ……………… 37
一、能量饲料 …………… 37
二、蛋白质饲料 ………… 37
三、青绿饲料 …………… 38
四、矿物质饲料 ………… 39
第四节 土鸡的饲料配方 …… 39
一、蛋用土鸡的饲料配方 … 40
二、肉用土鸡的饲料配方 … 40
三、配制饲料的注意事项 … 41
第五节 土鸡新饲料的开发 … 42
一、干草粉 ……………… 42
二、松针粉 ……………… 42
三、育虫喂鸡 …………… 42
四、养蝇蛆喂鸡 ………… 45
五、养蚯蚓喂鸡 ………… 46

第四章 育雏关键技术

第一节 育雏方式 ………… 50
一、平面育雏 …………… 50
二、立体育雏 …………… 52
三、发酵床育雏 ………… 53
第二节 育雏前的准备和雏鸡的选择与装运 ……… 55
一、育雏前的准备 ……… 55
二、雏鸡的选择与装运 …… 56
第三节 育雏环境的标准与控制 ……………… 58
一、温度 ………………… 58
二、湿度 ………………… 60

三、光照 …………………… 60
四、空气质量 ……………… 61
五、饲养密度 ……………… 62
六、环境 …………………… 63
第四节　雏鸡的饲养管理 …… 63
一、雏鸡的饲养 ………… 63
二、雏鸡的管理 ………… 64

第五章　果园林地生态养鸡模式与饲养技术

第一节　林地生态养鸡模式与饲养技术 ………… 69
一、林地围网养鸡模式 …… 69
二、在野外建简易大棚舍养鸡模式 …………………… 71
三、林下和灌丛草地养鸡模式 …………………… 74
四、山地放牧养鸡模式 …… 77
五、农村庭院适度规模养鸡模式 …………………… 79
第二节　果园生态养鸡模式与饲养技术 ………… 82
一、果园放养土鸡的优点与技术要点 ………… 83
二、提高果园养鸡成活率的措施 ………………… 85
三、提高果园养鸡效益的措施 ………………… 86

第六章　散养鸡场经营管理

第一节　经营决策 ………… 89
第二节　计划管理 ………… 89
一、长期计划 …………… 90
二、年度计划 …………… 90
三、阶段计划 …………… 91
第三节　财务管理 ………… 91
一、财务管理的任务 …… 91
二、成本核算 …………… 91

第七章　放养鸡的常见疾病防治

第一节　综合防疫措施 ……… 93
一、生态隔离 …………… 93
二、把好引种进雏关 ……… 94
三、保证饲料和饮水卫生 … 94
四、创造良好的生活环境 … 94
五、抓好免疫接种和预防性投药 ………… 95
六、实行“全进全出”饲养制度 ………………… 96
第二节　鸡病毒性传染病 …… 97
一、鸡新城疫 …………… 97

二、鸡传染性支气管炎 …… 99
三、鸡传染性喉气管炎 … 100
四、禽流感 ……………… 100
五、鸡传染性法氏囊病 … 101
六、鸡马立克氏病 …… 102
七、禽传染性脑脊髓炎 … 103
八、鸡传染性贫血病 …… 104
九、禽白血病 ………… 105
十、禽网状内皮组织
增殖病 ……………… 106
十一、鸡痘 …………… 106
第三节 鸡细菌性传染病 … 107
一、鸡慢性呼吸道病 …… 107
二、鸡传染性鼻炎 …… 108
三、鸡大肠杆菌病 …… 109
四、鸡白痢 …………… 110
五、禽霍乱 …………… 111
六、鸡坏死性肠炎 …… 112
七、鸡坏疽性皮炎 …… 113
八、鸡葡萄球菌病 …… 114
九、禽衣原体病 …… 115
十、鸡败血性支原体病 … 115
第四节 鸡寄生虫病 …… 116
一、鸡球虫病 ………… 116
二、鸡蛔虫病 ………… 117
三、鸡螨 ……………… 118
四、鸡组织滴虫病 …… 119
第五节 其他疾病 …… 120
一、食盐不足或食盐
中毒 ………………… 120
二、有机磷农药中毒 …… 120
三、啄癖 ……………… 121

附录

附录 A 土鸡的免疫程序 …… 123
附录 B 禽病诊断简表 …… 123
附录 C 常见计量单位名称与符号对照表 …… 128

参考文献

第一章 概　述

果园林地生态养鸡是将传统方法和现代技术相结合，根据各地区的特点，利用荒地、林地、草原、果园、农闲地等进行适度规模养鸡，实施放养与舍饲相结合的养殖方式。这种养殖方式可以有效地解决农村部分剩余劳动力的就业问题，同时在促进农民增收方面具有积极的作用。让鸡自由觅食昆虫野草，饮山泉露水，补五谷杂粮，严格限制化学药品和饲料添加剂等的使用，以提高蛋、肉风味和品质，可以生产出符合绿色食品标准要求的大众喜好的生态禽蛋产品。

随着我国退耕还林政策的落实，广大农村尤其是山区农村的果园林地面积大大增加，如何充分利用这类条件，增加农民收入，又是一个新课题。利用果园、林地、荒山地和草坡等自然环境实行放牧养鸡，既可提高单位面积的收入，又能解决农村部分剩余劳动力的就业问题，发展前景广阔。其产品为无污染、无公害的纯天然绿色环保食品，深受消费者欢迎。以传统方式生产的放养鸡，又称为优质鸡，市场需求十分巨大。果园、林地为鸡的栖息地，可遮阳避雨，鸡的活动范围大，采食范围广，可大量采食果园、林地的杂草和害虫，营养全面，生长速度快，产蛋率高，肉质风味好，市场价格高，具有良好的经济效益。同时鸡粪又是树木的良好肥料，促进树木生长，具有良好的生态效益。

实施果园林地生态养鸡投入少，生产周期短，成本低，效益高，适合广大农村，尤其是居住在丘陵、山地的农户采用。

第一节 我国养鸡业的发展概况

鸡的现代化商业育种开始于西方国家，通过商业育种，禽蛋产量得到大幅度提高，并逐渐走向规模化的发展道路。随着世界经济一体化的发展，鸡的育成品种也和规模化养殖模式一起走向发展中国家。众多生产性能卓越的国外育成品种大量涌入我国，我国不少育种专家和企业也不断探索适合我国规模化生产的蛋（肉）鸡品系，国内蛋（肉）鸡市场由原来的几乎被国外品种垄断，到现在的国内外品系几乎各占半壁江山。在肉鸡活鸡市场方面，国外的培育品种却由于生长速度快、肉质风味差而不被广大消费者认可，国内大量的地方鸡种仍占领着我国的肉鸡活鸡市场，黄羽肉鸡和乌骨鸡就是其中的两大系列。我国大量的散养地方品种鸡，通常体格较大，没有经过高强度的近交，生活力较强，为我国优质肉鸡商业化育种的优良素材，也是与国外品种抗衡的重要商业品种，更是生态养鸡的种质资源。

我国规模化养鸡虽然只有几十年的历史，但是，经过近30多年的高速发展，目前我国已经是世界禽蛋生产大国，禽蛋总产量连续多年居世界第一位，鸡肉产量与消费量仅次于美国。根据美国农业部数据统计，2014年，我国鸡肉生产量达1308万吨，占全球鸡肉生产量的15.15%；鸡肉消费量为1334万吨，占全球鸡肉总消费量的14.02%。我国禽蛋食品达到中等发达国家人均消费水平（人均14千克，约250枚）。不少大城市郊区已多年出现禽蛋生产过剩现象，并逐渐向劳动力便宜和原料基地转移。在一些畜牧业发达的农村，养鸡的产值已占农业总产值的50%以上。

据统计，2014年我国家禽出栏量近1154亿只，我国出栏专业型肉鸡约为87.9亿只。其中，黄羽肉鸡年出栏32亿~35亿只，约占38.1%；淘汰蛋鸡约9亿只，占10.2%；其余的专业型肉鸡约占51.7%。

这与发达国家几乎全是快大型肉用仔鸡的现状完全不同。我国是山地、丘陵面积众多的国家，棚养、放养家禽数量也居世界之首，由于生产成本低、效益高，今后还会有适当的发展。

第二节　我国养鸡业的近期发展趋势

一　禽肉、蛋消费需求量增长空间

我国禽类产品消费需求持续快速增长，我国人均禽蛋和禽肉消费量在过去10年分别增长了51%和60%。我国禽肉产量占肉类总产量的20.9%，人均消费量为11.5千克，低于世界人均禽肉消费量占肉类消费量25%的平均水平（美国的人均禽肉消费量达到52千克，占肉类消费量的62%；巴西的人均禽肉消费量为35千克，占肉类消费量的50%）。我国肉鸡的发展具备一定的空间。我国禽蛋产量占世界总产量的41.8%，人均占有量为17.2千克，达到发达国家水平，发展空间有限。

二　种群发展趋势

蛋鸡种群祖代存栏与更新逐年在增加，形成了进口鸡种与国产鸡种的竞争局面。种鸡场的经营更加艰难，预计未来是市场和鸡种的双重竞争。白羽肉鸡种群全国依赖进口，种鸡供给充足。建议选育国产品种。黄羽肉鸡种群迅速发展，有充足的种源供应。但要注意黄羽肉鸡“洋化”的问题。按照目前的数量发展，完全能够满足市场需求。

三　我国禽业的未来发展方向

养殖成本（饲料、运输、人工、设备、环境投入等）的增加使得小企业经营越来越艰难，行业正面临又一轮的洗牌。产业的进入门槛将会不断提高，以大规模高投入为主进入行业。规范化、标准化、规模化、产业化、自动化养殖场在不断增加，如养殖规模10万~50万只的中型蛋鸡养殖场快速发展。食品安全问题将会越来越被重视。同时，家禽的资源性、规模性、安全性、品牌性也将是未来发展的大方向。

第三节 我国农村养鸡存在的问题及对策

一 科技含量低

我国农村经济相对比较落后，受人力（技术素质）、财力条件的限制，只能因地制宜、因陋就简地组织生产。饲养方法较传统，饲养技术也较落后。主要表现在以下几个方面：

1. 场址选择不合理

调查发现，大约65%的养鸡户为了方便管理或由于资金不足等原因，没有按要求合理选择场址，建立合格的鸡舍。约40%的养鸡户在自家的院内或屋后建立简易鸡舍；约25%的养鸡户将原有旧房屋稍加改造即开始养鸡。这些鸡舍由于结构不合理，冬季保温性和透光性差，夏季又不能通风降温，舍内阴暗潮湿，导致疫病常常发生，难以控制。同时因鸡舍距住户太近，应激太大，村内散养畜禽到处乱跑。所有这些都对防疫极其不利，以致传染病、寄生虫病不断发生。

2. 养鸡人员素质偏低

养鸡人员整体素质偏低，缺乏养鸡专业知识。据一个县的调查情况统计，全县养鸡专业人员中，有高中以上文化的占22%，初中文化的占55%，小学文化的占23%。受过养鸡培训15天以上的占13%，培训5~10天的占25%，培训1~5天的占46%，没有培训过的占16%。

3. 鸡舍卫生条件差，忽视消毒

多数养鸡户的鸡舍分布过于密集，鸡粪到处乱堆，污水随意排放。到了夏季，蚊子、苍蝇乱飞，臭味刺鼻。鸡舍内饲养密度过大，通风不良，空气污浊，氨气含量过高；病死鸡不进

行无害化处理，随意丢弃。在农村，饲养员没有专用的工作服和鞋帽，饲养管理人员流动大，常常互相帮工，场外闲杂人随便进出鸡舍，造成疫病的交叉感染。养鸡户不能正确认识消毒的重要性，鸡舍、用具、运输工具、周围环境等消毒不严或不消毒，80%以上的鸡场门前不设消毒池，有的虽有消毒池，但长期不用。

4. 不重视鸡苗的选择

有的农户鸡苗购自走村串户挑担送货上门的售鸡者。这些鸡苗多是土法孵出的，在孵化过程中，适宜的温度、湿度、通风等条件无法保障，导致胚胎发育不良，出雏提前或滞后，卵黄吸收不好，难以饲养。还有的农户就近到种鸡场购买鸡苗，如果鸡场不注意品种的选择及种鸡的饲养管理、卫生防疫，则鸡苗没有优良的遗传性能，抵抗力弱，成活率低。如果种蛋污染了霉菌、白痢等病菌，雏鸡出壳后即发病不断，很容易死亡。

5. 无害化认识差

主要表现是：贪图便宜购进大量劣质苗鸡（多为串乡鸡贩送上门），病鸡、健康鸡混群饲养，病鸡、死鸡乱扔乱放和就地解剖检查等，形成互相传染的恶性循环。滥用抗生素类饲料添加剂，致使鸡肉、鸡蛋内的药物残留量超标而危害人体健康。

6. 营养知识差，饲养水平普遍不高

有啥喂啥，一味降低成本，加入不该加的某一种或某几种原料，应按量加入却加入过多或过少，别人说好就不加分析地效仿，造成饲料配合不科学。农村不少规模户受优惠政策的刺激，仓促上马，不懂饲料的配制技术，发展规模养鸡，仅靠使用颗粒料和成品混合料。资金不足时，就用粗糠烂谷来应付；饲料断档时，用猪饲料来代替，不仅影响鸡群生长发育，还造成饲料资源的极大浪费。

7. 没有及时淘汰低产鸡

一些农户认为，从把雏鸡养活直到产蛋历时20周，好不容易鸡能产蛋了就一年又一年地养着。因此，将母鸡养上三四年甚

至更长时间是常见的。还有的农户把鸡养得过大过肥或过小过瘦或有严重恶癖，尽管这些鸡少生或不生蛋，也舍不得淘汰。

8. 饲料营养不平衡

农村养鸡习惯于有啥喂啥，经常用小麦、玉米等原粮喂鸡，不知道添加微量元素和维生素。这样的饲料不但营养不足，而且饲料的消化率低，因为粉料的消化率只有65%，而粒料就更低了。有的农户为防止鸡瘫痪和产软壳蛋，用大量的贝壳粉补钙，引起鸡腹泻，食欲降低；且高钙影响磷的吸收，造成钙、磷比例失调。有的过分听信添加剂推销员的吹捧，在正常饲料中长期大量加入添加剂，不但造成浪费，还导致营养性疾病发生。农村养鸡户普遍认为，只要鸡饿不着就行，不注重水分的供给，农忙时水槽或饮水器经常断水，严重影响鸡的生长发育，还易导致疾病的发生。有的育雏前三天按“经验”办事，根本不让鸡饮水或只饮很少量的水，结果造成鸡脱水死亡，却误认为鸡苗是因体质差而死的。有的农户在养鸡过程中，一旦发现有腹泻发生，立即减少鸡的饮水，认为这样可减轻腹泻，结果不但不能减轻腹泻反而又导致脱水死亡。

二 防疫系统不健全，用药不科学

农村大部分鸡舍与民房、鸡舍与鸡舍之间都靠得较近，生态环境保护意识淡薄，疾病传播很快，缺乏健全的防疫系统。由于农村许多饲养者素质不高，缺乏系统而全面的技术培训，加上文化素质跟不上技术的进步，缺乏兽医用药知识，因而在养鸡生产中的防治用药上存在一些误区：

1）不科学地分析病情和追根求源，死搬硬套书本知识而盲目过量地使用药物。

2）认为营养性添加剂多多益善，而长期大量地使用。

3）不管药物有效成分，一味选用低价兽药。

4）只图使用新兽药，而不管其实际药物成分，增加饲养成本。

5）盲目加大剂量，对药物的安全性不够重视。用药疗程不确实，剂量不准确。没按药物疗程用药，1 天换 1 次，甚至一日三餐换 3 种不同的药。

6）药物配合不当，任意选用几种药物配合使用。

7）一成不变地使用几种兽药。其后果，要么是不断提高用药量，延长疗程，要么就是疗效越来越差。

8）平时不预防，有病乱用药。许多人预防用药意识差，预防观念淡薄，抱侥幸心理。平时舍不得饲喂一些药物进行预防，能省则省。一旦发生某种疾病则往往慌了手脚，疾病诊断技术和药理知识跟不上而凭想当然。在缺乏必要诊断、不明病因的情况下胡乱用药，既花费了大量药费，又贻误了治疗时机。

三 废弃物对环境污染严重

20 世纪 80 年代，农村养鸡业以千家万户舍饲为主，鸡粪用作农家肥。进入 20 世纪 90 年代，养鸡户数量猛增，形成了养鸡专业户、专业村等，鸡粪、污水污染与日俱增。鸡粪随便堆积在鸡舍周围，或随水排入河道或溢于鸡场周围，对空气、水源及土壤造成污染。另外，粪污中通常带有致病微生物，容易导致家禽传染病、寄生虫病的传播。一些鸡场周围被鸡粪或污水浸渍的地方草木不生；地面以下 50 厘米深的土壤都是墨黑色；鸡场附近的居民房内也臭气浓浓，蚊蝇成群。除此之外，鸡场内的死鸡是细菌、病毒的主要传染源。农村路边、河边有时出现的病死鸡，同样会造成严重的环境污染，危及人和动物的健康。

四 市场意识弱，“误导”现象多

在农村，一旦饲养的鸡达到一定规模，就需要有市场经济意识和积极参与市场竞争，但能这样做的饲养户为数不多。究其原因，主要是：

1）由于受政府优惠政策的刺激，只注重饲养数量，不关心经营成果，一旦出现市场疲软，就将责任全部归咎于政府。

2）由于饲养成本大多为乡镇七所八站无偿扶持和乡镇村负责人担保赊欠，很少涉及饲养户的直接利益，而减少了饲养户的责任心投入。

3）赶热潮现象比较多。由于缺乏因势利导而一哄而上（有的为所期望的声势）、盲目发展，实施粗放饲养、简单管理，不追求降本增效，不开展市场调研，难免会在激烈的市场竞争中形成负面影响。

一些规模饲养户在设施设备的设计、饲养技术、管理措施的使用和疾病控制手段的实施等方面互相模仿，甚至有的饲养户凭借自己肤浅的饲养技术，冠冕堂皇地进行有偿服务或饲料、药械的推销业务，在生产过程中造成了许多不必要的损失。

五 对策

1. 建设饲养小区，实行规范化管理

在村庄外建立饲养小区，使养鸡户脱离庭院，在相对集中的小区建立相对独立的小型鸡场。小区成立合作性服务组织，为养鸡户销售、购雏、购料提供服务，邀请专业技术人员进行统一指导，并对小区进行日常管理。小区可统一建立供水、供电、排污、消毒、粪便处理等设施，并规范兽医卫生管理制度。

2. 强化养鸡户的防病意识

要通过不同的方式和方法，使养鸡户认识到疫病的发生直接影响到养鸡的效益和成败，从而搞好环境卫生，进行定期消毒，制定合理的免疫程序，控制疫病传播，减少鸡病发生。思想认识的松懈，随时都可能导致疫病的传播。同时，要克服疫苗万能的认识，加强饲养管理，提高鸡群的综合抗病能力。

3. 搞好技术培训，提高管理水平

技术部门要深入基层，结合本地区疫病的流行特点，经常对养鸡户进行技术培训和指导，针对具体情况制定不同的免疫程序。各级技术服务组织、畜牧企业要利用自身的技术优势，联系

养鸡户，经常开展技术服务，或举办技术讲座，切实帮助他们解决生产中出现的技术难题，使之逐步达到规范化饲养、规范化管理。

4. 强化疫苗的管理

首先，疫苗生产必须严格执行审批制度，无批准文号的疫苗，要坚决杜绝进入市场，有批准文号的疫苗要按规定的渠道进入市场，不可多渠道进入。其次，加强对疫苗的经营管理，实行供应制，要制止兽药门市经营疫苗，特别是要严厉打击那些假冒伪劣的经营者，切实保证疫苗质量的可靠性。

5. 着力培养基层技术人员

养鸡户的群体较大，需要一大批基层技术人员为之提供技术服务。而多数基层技术人员缺乏鸡和其他小动物的饲养管理知识、疫病诊疗技术等，无力承担这项巨大的服务任务。采取多种途径，培养基层技术人员，提高其素质，及时解决养鸡生产中出现的问题，使养鸡业健康发展。

第四节　果园林地生态养鸡品种选择与杂交配套系利用

一　品种选择原则

我国鸡的品种较多，性能较为接近。而有些饲养者对于鸡种的选择存在盲目性，往往追求新的鸡种，价格再高也不惜引进。其实，在选择鸡种时主要应从以下几个方面考虑：

1. 鸡种的适应性

我国饲养的部分蛋鸡和快大型肉鸡品种大多数是引进的国外鸡种，由于饲养条件和环境条件的差异，存在着适应性差的问题。即使是我国的地方鸡种，也因南北地区地理环境存在较大的差异，引种也存在环境适应的问题。因此，在选用鸡种时，应考虑当地的实际情况，了解一些鸡种在我国不同地区的饲养情况以及鸡种的性能特点，做出适宜的选择。

2. 正规的引种渠道

我国养鸡业发展十分迅速，各地均有大量的种鸡场，饲养的种鸡代次也不同。由于有些地方的繁育体系尚不健全，供种比较混乱，引种的质量得不到保证。在引种时，应考虑从较正规的大型种鸡场引进，种鸡场应有生产许可证和规定的饲养种鸡代次，父母代鸡只能由祖代鸡场提供，商品代鸡则由父母代鸡场生产。种鸡场应提供相应的技术资料和售后服务。

3. 市场的需要

我国市场巨大，但受传统的消费习惯影响也较大。不同的地方对蛋壳颜色的要求有一定的差别，特别是在南方，褐壳蛋比白壳蛋更受欢迎，目前，粉壳蛋的市场较好。市场对蛋的大小也有不同偏好，南方市场比较喜欢“小蛋”，价格比蛋形正常的要高；初产蛋价格也较高。从肉鸡的发展趋势看，主要是向优质和生态无公害方向发展。消费者对肉质风味的要求愈来愈高，以地方品种血缘为主的肉鸡更受市场的欢迎。另外，对淘汰鸡进行处理时也有对体重和毛色的选择，选择鸡种时也应有所考虑。

总之，在选择引进鸡种时，应综合考虑多方面的因素，但主要应从种鸡的生产性能和生产效益出发。果园、林地养鸡成功与否，鸡的品种起决定作用。艾维茵、AA 等快大型鸡由于生长快、活动量小、对环境要求高，不适于果园、林地养殖。除非是场地许可，在集约化养殖后期，把肉鸡放养到果园、林地等场所放牧以改善肉质。否则，最好选用地方鸡种或培育的优质肉鸡品种。例如，江村黄鸡、三黄鸡、固始鸡、萧山鸡、绿壳蛋鸡、广西麻鸡和天府乌骨鸡等及其配套生产的土杂鸡。这些鸡种具有对环境要求低、活动量大、肉质好、采食能力和抗病力强等优点，比较适合果园、林地养殖。

从羽色外貌上看，宜选择黑羽、红羽、麻羽、黄羽青脚等地方鸡种特征明显的鸡种。从近年来的市场消费情况看，羽色为黑、红、麻、黄，脚爪色为青色的鸡，容易被消费者所认可。

【提示】 市场行情会随着供需关系的改变而变化，放养的地方鸡价格较高，但是如果市场供过于求，也会卖不出理想价格，导致养殖户微利或者亏损。

二 适合放养的地方鸡品种和育成鸡品种

在生产实践中，我国鸡的品种可分为地方品种、育成品种和引进品种三大类。适合放养的品种主要是地方品种、育成品种及其配套系。

1. 仙居鸡

仙居鸡是我国优良的小型蛋用鸡种，原产于浙江省中部靠东海的台州市，重点产区是仙居县，分布很广。体形较小，结实紧凑，体态匀称秀丽，动作灵敏，易受惊吓，属神经质型。头部较小，单冠，颈细长，背平直，两翼紧贴，尾部翘起，骨骼纤细。其外形和体态颇似来航鸡。羽毛紧密，羽色有白羽、黄羽、黑羽、花羽及栗羽之分。跖、趾多为黄色，也有肉色及青色等。成年公鸡体重1.25~1.5千克，母鸡体重1~1.25千克。在散养条件下，180日龄开产，年产蛋量为160~180枚。

2. 大骨鸡

大骨鸡又名庄河鸡，属蛋肉兼用型。原产于辽宁省庄河市，分布在辽东半岛，地处北纬40°以南的地区。单冠直立，体格硕大，腿高粗壮，结实有力，故名大骨鸡。身高颈粗，胸深背宽，腹部丰满，敦实有力。公鸡颈部羽毛为浅红色或深红色，尾羽黑色并带翠绿色光泽，喙、跖、趾多数为黄色。母鸡羽毛丰厚，胸、腹部羽毛为浅黄色或深黄色，背部为黄褐色，尾羽为黑色。成年公鸡平均体重3.2千克以上，母鸡平均体重2.3千克以上。平均年产蛋量146枚，平均蛋重63克以上。

3. 惠阳鸡

主要产于广东省惠州市。惠阳鸡属肉用型，其特点可概括为黄毛、黄嘴、黄脚、胡须、短身、矮脚、易肥、软骨、白皮及玉肉（又称玻璃肉）共10项。尾羽颜色以黑者居多。头中等大，单冠直立，肉垂较小或仅有残迹，胸深、胸肌饱满。背短，后躯发达，呈楔形，尤以矮脚者为甚。惠阳鸡育肥性能良好，沉积脂肪能力强。成年公鸡活重1.5～2.0千克、母鸡活重1.25～1.5千克。年产蛋量70～90枚，蛋重约为47克，蛋壳有浅褐色和深褐色两种。母鸡就巢性强。

4. 寿光鸡

原产于山东省寿光市，历史悠久，分布较广。头大小适中，单冠，冠、肉垂、耳叶和脸均为红色，眼大灵活，虹膜为黑褐色，喙、跖、爪均为黑色，皮肤为白色，全身黑羽，并带有金属光泽，尾有长短之分。寿光鸡分为大型、中型两种类型。大型公鸡平均体重为3.8千克，母鸡平均体重为3.1千克；年产蛋量90～100枚，蛋重70～75克。中型公鸡平均体重为3.6千克，母鸡平均体重为2.5千克；产蛋量120～150枚，蛋重60～65克。寿光鸡蛋大，蛋壳为深褐色，蛋壳厚。成熟期一般为240～270天。经选育的母鸡就巢性不强。

5. 北京油鸡

原产于北京市郊区，历史悠久。具有冠羽、跖羽，有些个体有趾羽。不少个体颌下或颊部有胡须。因此，人们常将这三羽（凤头、毛腿、胡子嘴）称为北京油鸡的外貌特征。体躯中等大小，羽色分赤褐色和黄色两类。初生雏绒羽为土黄色或浅黄色，冠羽、跖羽、胡须明显可以看出。成年鸡羽毛厚密蓬松。公鸡羽毛鲜艳光亮，头部高昂，尾羽多呈黑色。母鸡的头、尾微翘，跖部略短，体态敦实。尾羽与主副翼羽常夹有黑色或半黄半黑羽色。生长缓慢，性成熟期晚，母鸡7月龄开产，年产蛋量约110枚。成年公鸡体重2.0～2.5千克，母鸡体重1.5～2.0千克。屠体肉质丰满，肉味鲜美。

6. 狼山鸡

狼山鸡是我国古老的兼用型鸡种，原产于我国江苏省南通地区如东县和南通市一带。19世纪输入英、美等国。狼山鸡的羽毛颜色分为黑色、黄色和白色3种，但以全黑色的居多。体形外貌最大特点是颈部挺立，尾羽高耸，背呈“U”字形。胸部发达，体高腿长，外貌威武雄壮，头大小适中，眼为黑褐色。单冠直立，中等大小。冠、肉垂、耳叶和脸均为红色。皮肤为白色，喙和跖为黑色，跖外侧有羽毛。狼山鸡的优点是适应性强、抗病力强、胸部肌肉发达、肉质好。狼山鸡7月龄性成熟，年产蛋量160~170枚。成年公鸡平均体重2.84千克，母鸡平均体重2.28千克。

7. 丝羽乌骨鸡

原产于我国江西省，现分布于全国和世界各地。丝羽乌骨鸡可用作药用和玩赏。主治妇科病的中成药乌鸡白凤丸，即用该鸡全鸡配药制成。丝羽乌骨鸡身体轻小，行动迟缓。头小、颈短、眼乌，身体羽毛为白色，羽片缺羽小钩，呈丝状，与一般家鸡的正羽不同。外貌特征总结为“十全”，即紫冠（冠体如桑葚状）、缨头（羽毛冠）、绿耳、胡子、五爪、毛脚、丝毛、乌皮、乌骨、乌肉。此外，眼、跖、趾、内脏及脂肪亦是乌黑色。成年公鸡体重为1.35千克，母鸡体重为1.20千克。年产蛋量约100枚，蛋重40~42克，蛋壳为浅褐色。母鸡就巢性强。

8. 四川山地乌骨鸡

四川山地乌骨鸡是常羽乌骨鸡中的一个优良品种，1996年1月，通过四川省省级品种审定，成为正式品种。四川山地乌骨鸡群体外形特征一致，整齐度高，具有乌皮、乌骨、乌肉的特点，内脏及系膜、脏膜和血均呈现不同程度的乌色。羽毛为片羽，以黑羽为主，占60%以上，白羽最少，约占6%，其余为麻（杂）羽。该品种分川南和川西南型。川南型品种主要分布在宜宾、泸州等地。6月龄公鸡体重2.14千克，母鸡体重1.82千克，年产蛋量120~140枚，120日龄商品鸡公母平均体重1.65千克。川西南型品种主要分布在凉山州。黑羽比例更高，占75%，其中30%有脚毛。6月龄公鸡体重2.85千克，母鸡体重2.35千克，年产蛋量100~120枚，120日龄商品鸡公母平均体重1.93~2.25千克。

9. 粤黄鸡

粤黄鸡是由广东家禽研究所育成的优质黄羽肉鸡。具有“三黄”特点，骨细脚短，肉质嫩滑，味道鲜美。粤黄鸡有快大型商品代、中快型商品代与优质麻羽型商品代3个配套系。优质麻羽型鸡22周龄开产，68周龄产蛋量为150枚。公鸡9周龄体重约为1.26千克，母鸡11周龄体重1.4千克。

10. 白耳黄鸡

白耳黄鸡主要产于江西上饶地区和浙江的江山市，为我国稀有的白耳蛋用早熟鸡品种。其体形矮小，体重较轻，羽毛紧密，但后躯宽大，以“三黄一白”的外貌特征为标准，即黄羽、黄喙、黄脚，白耳，耳叶大，呈银白色，似白桃花瓣，虹彩金黄色，喙略弯，呈黄色或灰黄色，全身羽毛呈黄色，单冠直立，公母鸡的皮肤和胫部呈黄色，无胫羽。初生重平均为37克，开产日龄平均为150天，年产蛋180枚，蛋重为54克，蛋壳呈深褐色。

11. 固始鸡

固始鸡主要产于河南省固始县，全区均有分布，以固始最多，是我国著名的地方优良鸡种，为蛋肉兼用鸡。具有耐粗饲，抗病力强，肉质细嫩、营养丰富，产蛋较多，蛋大，蛋清较稠，蛋黄色深，耐储运，以及适宜野外放牧散养等特点。固始鸡体躯呈三角形，羽毛丰满，单冠直立，六个冠齿，冠后缘分叉，冠、肉垂、耳叶呈鲜红色，眼大有神，喙短呈青黄色。公鸡毛呈金黄色，母鸡以黄色、麻黄色为多。母鸡长到180天开产，年产蛋为130~200枚，平均蛋重50克，蛋黄呈鲜红色。成年公鸡体重2.1千克，母鸡体重1.5千克。

12. 鹿苑鸡

鹿苑鸡具有适应放牧、觅食力强、适应性广、耐粗饲、抗病力强、蛋肉品质较好等特点，是我国的地方鸡种，偏于肉用型，具有“四黄”特征。该鸡早期生长快，较早熟，1~60日龄平均日增重近13克，有肉质肥美鲜嫩和产蛋性能较好等特点。成年公鸡体重3千克左右，成年母鸡体重2千克以上。

13. 边鸡

边鸡主要分布于内蒙古自治区，是一个蛋重大、肉质好、适应性强、耐粗抗寒的优良地方鸡种。公鸡的羽毛主要为红黑色或黄黑色，个别为黄色和灰白色；母鸡的羽毛为白色、灰色、黑色、浅黄色、麻黄色、红灰色和杂色。初生重为35克，成年公鸡体重为1.8千克，母鸡体重为1.5千克。一般8月龄开产，年产蛋101.7枚，最高150~160枚。平均蛋重为66克左右，有的达到70~80克。

14. 矮脚鸡

矮脚鸡属蛋肉兼用型鸡种。体躯匀称，羽毛松软紧贴矮。公鸡羽毛为红黄色，主副翼羽和腹、尾羽为黑翠绿色。单冠，虹彩呈橘黄色，喙短，背宽平，尾翘。母鸡以黄麻色为主，白色、黑麻色次之。喙、胫、爪为黑色，少数杂有黄色。胫短，整个体躯似匍匐地面。公鸡胫长6.5厘米，母鸡胫长5.9厘米。成年鸡体重：公鸡为2.3千克，母鸡为1.7千克。成年鸡屠宰率：半净膛，公鸡为83.4%，母鸡为82.5%；全净膛，公鸡为74.4%，母鸡为72.5%。开产日龄为150~180天，年产蛋120~150枚，蛋重48克，蛋壳为白色。

15. 藏鸡（彩图1）

藏鸡的体形小，较长而低矮，匀称紧凑，头高尾低，呈船形。胸部发达，向前突出，性情活泼，富于神经质，好斗性强。翼羽和尾羽发达，善于飞翔，公鸡大镰羽长达40~60厘米。冠多呈红色单冠，少数呈豆冠。公鸡的单冠大而直立；母鸡冠小，稍有扭曲。肉垂为红色，喙多呈黑色，少数呈白色或黄色。虹彩多呈橘红色，黄栗色次之。耳叶多呈白色，少数红白相间，个别呈红色。胫黑色者居多，其次白色，少数有胫羽。公鸡羽毛颜色鲜艳，色泽较一致，主副翼羽、主尾羽和大镰羽呈黑色带金属光泽，颈羽、鞍羽呈红色或金黄色镶黑边羽，身体其他部位黑色羽多者称黑红公鸡，红色羽多者称大红公鸡。此外，还有少数白色公鸡和其他杂羽公鸡。母鸡羽色较复杂，主要有黑麻、黄麻、褐麻等色，少数呈白色，纯黑较少。成年鸡体重：公鸡为1145克，母鸡为860克。180日龄屠宰率：半净膛，公鸡为76.4%，母鸡为74.6%；全净膛，公鸡为71.4%，母鸡为69.6%。开产日龄240天，年产蛋40~80枚，蛋重34克。蛋壳呈褐色或浅褐色。

16. 旧院黑鸡

该鸡体形呈长方形，皮肤有白色和乌黑色两种，冠分单冠与豆冠两种，冠髯呈红色或紫色，喙、胫呈黑色，虹彩呈橘红色，大部分无胫羽。母鸡羽毛为黑色，带翠绿色光泽。公鸡羽毛多为黑红色。成年鸡体重：公鸡为2.6千克，母鸡为1.8千克。成年鸡全净膛屠宰率：公鸡为79.7%，母鸡为67.0%。开产日龄195天，年产蛋量150枚，蛋重54克，蛋壳多为浅褐色，其中有5%左右为绿色。

17. 石棉草科鸡

石棉草科鸡属药肉兼用型鸡种。体形浑圆，体格硕大。头部清秀且短宽，多为红色单冠。圆形红耳，虹彩呈橘红色。喙直较短，以黑色居多，极少为灰色。胫多为灰黑色，少数全黑。公鸡冠大直立，全身羽毛为黑色。非乌骨鸡红羽居多者称大红公鸡，黑羽居多者称黑红公鸡。母鸡羽色复杂，主要有黑、黄、麻、灰、白、芦花等色。成年鸡体重：公鸡为3.7千克，母鸡为3.1千克。成年鸡屠宰率：半净膛，公鸡为82.0%，母鸡为80.0%；全净膛，公鸡为70.0%，母鸡为65.0%。开产日龄216天，年产蛋158枚，蛋重55克，蛋壳多为浅褐色，少数为白色。

18. 广元灰鸡

广元灰鸡属中等体形鸡种。羽毛呈灰色，同时有灰皮、灰（毛）脚、灰喙、灰冠“五灰”特征。体形较小，羽毛紧贴身躯，光亮，外形美观，体态良好。公鸡平均体重为1900~2500克，母鸡平均体重为1450~1800克。开产日龄145~160天。受精率为

89% ~93%，孵化率为90.5% ~93%。

⚠【注意】 各地的消费习惯和市场需求是不同的，各地方都有自己喜欢的土鸡，不要盲目引入其他地区流行的鸡种来养殖，要根据当地市场需要来确定养殖的品种。

三 优质肉鸡配套生产

优质肉鸡具有肉质鲜美、风味独特的特点。目前，通过品系选育，已有梅岭优质土鸡系列、萧山草三黄鸡系列、神农优质肉鸡、新秀黄系列肉鸡、雪山草鸡、皖江系列肉鸡、江淮优质肉鸡、皖禽肉鸡、三青黄鸡、贡鸡、闽燕系列肉鸡、河南黄鸡系列、金种黄鸡系列、鲁禽系列、大恒优质肉鸡系列共15个优质鸡配套系面向市场，发展势头良好。根据市场需求，可进行优质肉鸡的配套组合筛选，在生产上加以利用。无论采用何种配套组合，必须注意的是，在提高生长速度的同时，还应保持商品鸡的优良肉质和风味等。

1. 优质肉鸡系间配套

在优质肉鸡同品种内进行品系选育，形成品系间的杂交利用，生产商品代鸡（图1-1）。这类组合一般属于比较高档的优质肉鸡，因为没有外血的掺入，但生长速度相对较慢。

优质肉鸡♂ ×优质肉鸡♀

↓

优质肉鸡（商品代）

图1-1 优质肉鸡系间配套

2. 优质肉鸡与速生型肉鸡配套

引进速生型肉鸡与优质肉鸡进行杂交配套，在生长速度上占有一定优势，胸腿肌等肉用性状得到改良，属于半优质型肉鸡（图1-2）。

优质肉鸡♂×速生型肉鸡♀

↓

商品肉鸡（半优质型肉鸡）

图1-2　优质肉鸡与速生型肉鸡配套

3. 优质肉鸡与本地鸡配套

选择尚未进行选育、肉质风味特优的本地品种与优质肉鸡进行配套杂交利用，其特点是生产的商品代鸡具有独特肉质风味上的优势，属于高档的特优质型肉鸡（图1-3）。在一些地区具有极大的价格差异，可获得显著效益。

本地鸡♂×优质肉鸡♀

↓

优质肉鸡（商品代）

图1-3　优质肉鸡与本地鸡配套

【注意】 经过选育的地方鸡种生长性能要比没有选育过的鸡好些，养殖场地、设备、饲料、防疫等均需要讲求科学化，才能达到鸡只的最佳生产成绩。

第二章 场地的选择、鸡舍的建设与设备

果园、林地生态养鸡，离不开适合的生产环境和必要的设备。现代化规模养鸡对场地和设备的要求很高，这需要很大的成本。而小规模的生态养鸡，对场地和设备要求相对简单，可利用空闲山地、改造闲置房屋等。但选择场址时，必须认真调查研究，根据自身的生产目标和当地的自然、社会条件综合加以考虑。

第一节 放养场地的选择

一 场址选择的原则

（1）节省土地 新建鸡场占地面积的大小，应根据鸡场的性质、规模大小、经营范围、饲养方式、鸡舍的建筑形式等进行合理规划，尽量节省土地。

（2）有利于降低建场费用 养鸡场基础建设投资较大，包括地基的平整、房舍建造、场地平整、道路修建等。场地的选择对建场费用影响较大，应考虑地下水位、建筑防潮、道路硬化、排水设施建造、鸡场四周绿化、隔离林带等。

（3）有利于运输 养鸡场交通要相对便利，方便物资、产品

运输，降低运输成本，加强信息交流。

（4）便于防疫和消毒 便于严格执行各项卫生防疫制度和消毒措施，防止疫病的发生。

（5）方便生产和管理 便于合理组织生产，提高设备利用率和工作人员的劳动生产率。

（6）有利于保护环境 建立科学合理的养殖小区，加强粪便、污水的统一处理。

【注意】 不是每一个地方都适合养鸡，比如，在太潮湿的地方养鸡，寄生虫会特别多；在温度低的地方养鸡，鸡的生长速度会较慢，导致养鸡效益不高。

二 场地位置

1. 荒坡、林地

选择比较偏远而车辆又能达到、地势高燥、排水良好的地方。由于场地地势高燥，空气清新，环境安静，鸡能够自由活动，如晒太阳、觅食和泥沙浴等，采食大量的天然饲料，从而增加营养，减少各种应激和疫病感染，降低生产成本。林地以中成林地为佳，最好是成林林地。鸡舍坐北朝南，鸡舍运动场比周围稍高，倾斜度以10°～20°为宜，不应高于30°。树枝干应高于鸡舍门窗，以利于鸡舍空气流通。每座鸡舍距离30～50米。种鸡舍与运动场面积比例以1∶2为宜，最少不能少于1∶3，以免影响种鸡交配受精率。鸡舍场地使用5～6年后应转换到新场地，有利于防疫及减少疫病发生。

2. 山区林地

选择远离住宅区、工矿区和主干道路，环境僻静的山地，最好是果园及灌木丛、荆棘林和阔叶林等。其坡度不宜过大，最好是丘陵山地。土质以沙壤为佳，若是黏质土壤，在放养区应设立一块沙地。场地附近有小溪、池塘等清洁水源，建在向阳南坡上。

3. 果园、桑林

果园、桑林养鸡，应选择向阳、平坦、干燥、取水方便、树冠较小、树木稀疏的场地。否则，场地阳光不足，或坡度太大，不利于鸡群管理和鸡体健康。

根据试验，选择干果、果树主干略高和田间喷药少的果园为佳，最理想的是核桃园、枣园、柿园和桑园等。这些果园的果树主干较高，果实结果部位亦高，果实未成熟前坚硬，不易被鸡啄食。其次为山楂园，因山楂果实坚硬，全年除防治 1～2 次食心虫外，很少用药。在苹果园、梨园、桃园养鸡，应简化果树品种，放养期应躲过用药和采收期，以减少对鸡和果实的伤害。

4. 冬闲田

在没有果园、林地的地方，可利用冬闲田进行养鸡。一般选择离村庄较远，交通便利，地势平坦，取水、排水方便的田块，面积一般不小于 1000 米^2，鸡场的建设视养鸡规模而定。在大田地里饲养本地土种鸡，首先要搭建一个塑料大棚，作为育雏、防雨雪、防晒和鸡的休息场所。以饲养 1000 只土鸡为例，需搭建一个长 10 米、宽 5 米的大棚。搭建大棚，一般需要 50 根小竹竿，棚面扣两层塑料薄膜，覆盖一层草帘，投资在 500 元左右。在棚的外围，围上长 50 米、宽 20 米左右的网，网高要求 2 米左右，严防鸡跑出划定的地块。在养鸡场内装上 3～4 盏高压汞灯，作为诱虫和照明用。另外，在地头要建一个 10 米^2 左右的草棚，作为养鸡户看鸡、喂料、休息的场所。

> 【提示】 在能满足鸡只生长的情况下，首要考虑的是因地制宜、降低成本。

三 水源

鸡场用水比较多，每只成年鸡每天的饮水量平均为 300 毫升，生活用水及其他用水是鸡饮水量的 2～3 倍。因此，鸡场必须要有可靠、充足的水源，并且位置适宜，水质良好，便于取用和防护。最理想的水源是不经过处理或稍加处理即可饮用。要求水中不含病原微生物，无臭味或其他异味，水质澄清，有机物或重金属含量符合无公害生态生产的要求。地面水源包括江水、河水、潮水、塘水等，其水量随气候和季节变化较大，有机物含量多，水质不稳定，多受污染，使用时最好经过处理。大型鸡场最好自辟深井。深层地下水水量较为稳定，并经过较厚的土层过滤，杂质和微生物较少，水质洁净，且所含矿物质较多。

> 【注意】 放养鸡也要满足其每天的饮水需求，有条件的鸡场最好还能保证水质。

第二节 鸡场建筑物的总体布局

鸡场各建筑物应该做到合理布局，主要考虑以下几个方面：

1）要考虑生产作业的流程，便于提高劳动生产效率。

2）要考虑卫生防疫条件，防止疫情传播。

3）要照顾各区间的相互联系，便于管理。

4）注意节省投资费用，不能只顾一方面而忽视其他方面。既防止单纯强调防疫而把鸡场建得过于分散零乱，造成管理效率低和人员联系上的困难，又防止强调管理方便而不顾卫生防疫。

因此，在鸡场布局上要注重解决风向、地形和各区建筑物的距离。尤其是规模较大的鸡场，其布局分为生产区、行政区和生活区（彩图2）。三大区应有围墙隔开，各个区域入口处还设有消毒间（池），最下风向还应设有病鸡隔离室。行政区、生活区处于较高的地势且在生产区的上风向，生产区处于中间，病鸡隔离室和废物处理池位于下风向的最远处。

> 【提示】 这是比较规范的具有一定规模的鸡场的要求，农户散养商品鸡可以养脱温鸡（即不再需要人工供暖，可以适应自然气候的雏鸡），有一定的放养场地即可。

第三节　鸡舍的建设

一　各种简易鸡舍的建筑要求

建设果园、林地生态养鸡的简易鸡舍，以因地制宜和厉行节约为原则。但是为了把鸡养好，简易鸡舍须具备以下4个条件：

1. 能通风换气

放养鸡舍要有前窗、后窗和天窗，以便去除舍内热气、湿气和有害气体。

2. 利于清扫消毒

最好是水泥地面，以便清理鸡粪和消毒。

3. 育雏舍可保温隔热

育雏舍墙高2米，墙壁厚实，地面干燥，门窗无缝，保温隔热性能良好。门窗上可挂布帘，以便遮光，也能避免冷风侵入鸡舍。育雏舍可建成单坡式或双坡式，跨度5～6米。靠北侧留一条0.8～1米宽的过道。门窗能关严，墙壁无缝隙。还可在鸡舍一侧1/3处挂塑料帘，把育雏舍隔成大小两间，在小间升温育雏，3周龄后升起帘子，减小养鸡密度。

4. 场地位置要适当

场地要求地势较高，雨天不积水，空气、水源无污染。新建鸡舍最好远离居住区。

（1）鸡只在1000只以上的养鸡舍　一般要求鸡舍门朝南或东南，平养鸡舍檐高一般为2～2.5米。窗户面积应为地面面积的1/8～1/6，高度和每个窗户的大小取决于太阳入射角和鸡床的位置。一般前窗大，后窗较小。南北墙离地面30厘米的地方要开通风地窗，大小为30厘米×30厘米。通风地窗安有铁栅栏，以防老鼠和野兽危害。平养鸡舍的舍内过道一般设在北侧，宽度为1～1.2米。

（2）简易鸡舍　地面最好是水泥材料，以利于清扫和消毒。山区林产丰富，可用竹、木架设高床地面，其一般高于平地70

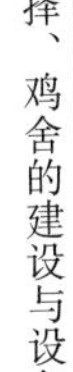

厘米。运动场大小为鸡舍面积的 2.5 倍左右，运动场的围篱高度不低于 1.8 米。鸡舍和饲料间的门窗安装铁丝网，以防鸟类进入。鸡舍的通道口设置消毒池，便于来往人员鞋底消毒。鸡舍供水系统要可靠，防止漏水、渗水。各种鸡舍的具体要求是：

（3）育雏舍 要求房子矮一点，墙壁厚实，地面干燥，门窗无缝，保温性能良好。门窗上可挂布帘，以便遮光，也能避免冷风窜入鸡舍。育雏舍可建成单坡式或双坡式，跨度 5～6 米，墙高 2 米。靠北侧留一条宽 0.8～1 米的过道。

（4）蛋鸡舍 平养蛋鸡舍的设置较为简单，有大间、中间、小间，饲养量各不相同，要求通风良好，除粪方便；笼养蛋鸡，目前采用全阶梯式鸡舍，舍内安置两排笼架，有较宽的跨度，左、中、右三条过道。放养蛋鸡简易鸡舍见彩图 2-2。除对光照有较严格的要求外，还要特别注意通风。因此这种鸡舍采用气楼式或半气楼式较合适。

（5）肉用鸡舍 肉用鸡饲养一般采取全进全出制，因此，鸡舍的大小、间数与饲养方式、生产任务、饲养期长短有关。鸡舍大小要求与育雏舍基本相同。

（6）种鸡舍 多分成小间或设有自闭产蛋箱。后面过道喂料和捡蛋，设有运动场。

二 简易鸡舍

在果园、林地等放养区，找一处地势较高、背风向阳的平地，用油毡、无纺布及竹、木、茅草等，借势搭成坐北朝南的简易鸡舍，可直接搭成金字塔型，棚门朝南，另外三边可着地，也可四周砌墙，其方法不拘一格。随着鸡龄增长及所需面积的增加，可以灵活扩展。棚舍能保温，能挡风，做到雨天棚内不漏水、雨停棚外不积水、刮风时棚内不串风即可。或者用竹、木搭成“人”字形框架，棚顶高 2 米，南北檐高 1.5 米，扣棚用的塑料薄膜接触地面的边缘部分用土压实，棚的顶面用绳子扣紧。棚的外侧东、北、西三面要挖好排水沟，四周用竹片间围，做到冬暖夏凉。棚内安装照明电灯，配齐食槽、饮水器等用具。鸡舍的大小、长度根据养鸡数量而定，一般1000只鸡为一个养鸡单位，按每平方米容纳15～20只鸡的面积搭棚。在荒山林地内搭设的临时遮阳棚，供鸡群防风避雨和补料饮水。值班室和仓库建在鸡舍旁，方便看管和饲养。简易鸡舍见彩图3和图2-1。

图2-1　简易鸡舍

三 普通鸡舍

在建筑结构上，普通鸡舍采用比较简单的方法，修建成斜坡式的顶棚，坡面向南，北面砌一道2米高的墙，东西两侧可留较大的窗户，南侧可用尼龙网或铁丝网围隔，但必须留大的窗户。面积以16米^{2}为宜，这种鸡舍通风效果好，可以充分利用太阳光，保暖性能良好，南方、北方都适用。这种鸡舍建在果园里，采用半开放式饲养，鸡既可吃果园中的害虫及杂草，还可为果园施肥。既有利于防病，又有利于鸡只觅食。放牧场地可设沙坑，让鸡洗沙浴。地面平养，每平方米面积可养大鸡10只左右，用木屑、稻草等做垫料；网上平养，可用木料搭架70厘米高的床，上铺塑料网片（1厘米×1厘米的网目）。注意搭支架时，要保证鸡只自由进出鸡舍休息和活动。普通放养鸡舍见图2-2。

图2-2　普通放养鸡舍

四　塑料大棚鸡舍

塑料大棚鸡舍是用塑料薄膜把鸡舍的露天部分罩上，利用塑料薄膜的良好透光性和密闭性，将太阳能和鸡体自身散发的热量保存下来，从而提高了棚舍内温度。它能人为地创造适应鸡只正常生长发育的小气候，减少鸡舍不合理的热能消耗，降低鸡的维持能量需要，从而使更多的养分供给生产。塑料大棚鸡舍的左侧、右侧和后侧为墙壁，前坡是用竹竿或钢筋做成的弧形拱架，外覆塑料薄膜，搭成三面为围墙、一面为塑料薄膜的起脊式鸡舍。墙壁建成夹层，可增强防寒、保温能力，内径在10厘米左右，建墙所需的原料可以是土或砖、石。后坡可用油毡纸、稻草、泥土等按常规建造，外面再铺一层稻壳等物。一般来讲，鸡舍的后墙高1.2~1.5米，脊高2.2~2.5米，跨度为6米，从棚脊到后墙的垂直距离为4米。塑料薄膜与地面、墙的接触处，要用泥土压实，防止贼风进入。在薄膜上每隔50厘米用铁丝或绳将薄膜捆牢，防止大风将薄膜刮掉。棚舍内地面要高出舍外地面30~40厘米，上面铺上瓷砖。棚舍的南部要设置排水沟，及时排出薄膜表面滴落的水。棚舍的北墙每隔3米设置一个1米×0.8

米的窗户。门应设在棚舍的东侧，向外开，棚内还要设置照明设施。

五 开放式网上平养无过道鸡舍

这种鸡舍适用于育雏和饲养育成鸡、仔鸡。鸡舍的跨度为6~8米，南北墙设窗户。南窗高1.5米、宽1米。舍内用铁丝隔离成小自然间。每一自然间设有小门，供饲养员出入及饲养操作。小门的位置依鸡舍跨度而定，跨度小的设在鸡舍内南侧或北侧，跨度大的设在中间，小门的宽度约1.2米。在离地面70厘米高处架设塑料网片。网上平养无过道鸡舍见图2-3。

图2-3 网上平养无过道鸡舍

六 利用农舍等改建的鸡舍

利用农舍等改建鸡舍（图2-4），实现综合利用，可以降低成本。一般旧的农舍较矮，窗户小，通风性能差。改建时应将窗户改大，或在北墙开窗，增加通风和采光。舍内要保持干燥。旧的房屋低洼，湿度大，改建时要用石灰、泥土和煤渣打成三合土垫在室内，在舍外开排水沟。

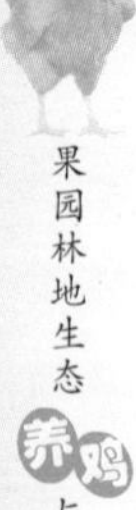

图 2-4 利用农舍等改建的鸡舍

七 封闭式鸡舍

封闭式鸡舍一般是用隔热性能好的材料构造房顶与四壁，不设窗户，只有带拐弯的进气孔和排气孔，通过各种调节设备控制舍内小气候。这种鸡舍的优点是减少了外界环境对鸡群的影响，有利于采取先进的饲养管理技术和防疫措施，饲养密度大，鸡群生产性能稳定。集约化笼养鸡舍见图 2-5。

图 2-5 集约化笼养鸡舍

第四节　养鸡设备和用具

一　增温设备

冬、春季育雏，需要增温供暖。常用的增温设备有电热伞、电热板、煤炉等。热风炉及煤炉多用于地面育雏或笼育雏时室内加温。保温性能较好的育雏室，每15～25米^{2}放1只煤炉。

1. 电热伞

电热伞又叫保姆伞，有折叠式和非折叠式两种。非折叠式又分方形、长方形及圆形等。伞内热源有红外线灯、电热丝、煤气燃烧等，采用自动调节温度装置。折叠式电热伞适用于网上育雏和地面育雏。伞内用陶瓷远红外线加热。伞上装有自动控温装置，省电，育雏效率高。非折叠式方形电热伞，长、宽各为1～1.1米，高70厘米，向上倾斜呈45°角，一般可用于250～300只雏鸡的保温。电热伞的外围还要加围栏，以防止雏鸡远离热源而受冷，热源与围栏的距离为75～90厘米。雏鸡3日龄后，围栏逐渐向外扩大，10日龄后撤离。

2. 暖风炉

暖风炉是以煤油等为燃料的加热设备，在舍外设立热风炉，将热风引进鸡舍上空或采用正压将热风吹进鸡舍上方。

3. 自动燃气暖风炉

自动燃气暖风炉供暖的燃料主要是天然气，设备可安装在舍内，通过传感器自动控制温度，其热效率高且100%被利用，卫生干净，通风良好，是比较理想的供暖方式。

4. 火炕

火炕供暖热源置于地下，在育雏舍外设一烧煤或烧柴的火土炕提供热源，热流沿鸡舍内地面下3～5厘米深处的双列烟道散发，最后由舍外烟囱排出。舍内烟道附近地面形成温床。

5. 地上烟道

地上烟道供暖是在育雏舍里用砖或土坯垒成烟道，距离舍内

墙壁1米远，距离地面高25厘米，长度根据育雏舍大小而定。几条烟道汇合通向集烟柜，然后由烟囱通向室外。为了节约燃料和保证育雏舍内温度均匀，可在烟道外加一个罩子。在烟道外距地面5厘米处悬挂温度表，地面上铺设垫草。

6. 火墙

火墙供暖是把育雏室的墙壁砌为空墙，内设烟道，炉灶置于室外走廊内，雏鸡靠火墙壁上散发出来的热量取暖。

7. 红外线灯

红外线灯分有亮光和无亮光两种，生产中用的大部分是有亮光的。每只红外线灯为250~500瓦，灯泡悬挂在离地面40~60厘米处。悬挂高度可根据育雏的需要进行调整。通常3~4只灯泡为一组轮流使用，每只灯泡用于250~300只雏鸡。料槽与饮水器不宜放在灯下。

另外，还应配置干湿球温度计，随时测量鸡舍温度和相对湿度；配设围席，让雏鸡分布在热源周围。

二 食盘和食槽

食盘和食槽是养鸡的一种重要设备，因鸡的大小、饲养方式不同对其要求也不同，但无论是哪种类型，均要求平整光滑，采食方便，不浪费饲料，便于清刷消毒。制作材料可选用木板、镀锌铁皮以及硬质塑料等。

1. 食盘

食盘高3厘米，要求平稳无缝隙，形状、大小根据材料而定。食盘上要盖料隔，以防鸡把料刨出盘外。

2. 食槽

食槽由5块板钉成，也可用粗南竹做成。小食槽底宽5~7厘米，开口10~20厘米，高5~6厘米。大食槽深10~15厘米，长70~100厘米。槽上安一根能灵活转动的横杆或盖一料隔，防止鸡跳入食槽或蹲在槽上拉屎。

育雏用小食槽或食盘，每只雏需占有食槽长度4厘米。3周龄后用大食槽，每只鸡需占有食槽长度8厘米（13只/米），即按照每一只鸡都能同时采食为宜。

三 饮水设备

养鸡常用的饮水设备是塔式自动饮水器，可用铁皮、玻璃罐头瓶自制或购买。除塔式自动饮水器外，也有用乳头式饮水器的。

1. 塔式自动饮水器

塔式自动饮水器由水盘和贮水桶组成，贮水桶有1升、1.5升、9升等规格。贮水桶下缘有直径1厘米的小孔，小孔的上缘不能高于水盘的边，否则水会漫到盘外。使用时，先将贮水桶装满水，然后盖上水盘，一手托住贮水桶，另一手压紧水盘，将其翻扣过来。这时，水从小孔流进水盘，当水的高度与贮水桶小孔上缘齐平时，水自动停止流出。

鸡喝水时，盘中水位下降，贮水桶中的水就会从小孔流出，自动补足盘中水量。按每只鸡占有水槽位2.5厘米，备足自动饮水器。

2. 乳头式饮水器

乳头式饮水器是由阀芯与触杆组成，直接同水管相连。由于毛细管的作用，触杆端部经常悬着一滴水，鸡需要饮水时，只要啄动触杆，水即流出。鸡饮水完毕，触杆将水路封住，水即停止外流。这种饮水器安装在鸡头上方处，让鸡抬头喝水。安装时要随鸡的大小改变高度。

四 育雏鸡笼

育雏鸡笼适用于养育雏鸡，生产中采用叠层式育雏鸡笼（彩图4）。一般鸡笼架为4层、8格，长为180厘米，深为45厘米，高为165厘米。每个单笼长为87厘米、高为24厘米、深为45厘米，可养雏鸡10～15只。

五 栖架

鸡有高栖过夜的习性，每到天黑之前，总想在鸡舍内找个高处栖息。如果没有栖架，鸡只能拥挤在一角，栖伏在地上过夜，对鸡的健康不利。栖架主要有两种形式：一种是将栖架做成梯子形，靠立在鸡舍内，叫立式栖架；另一种是将栖架钉在墙壁上。

第三章

放养土鸡的营养需要与饲料配制

放养土鸡所需要的养分包括能量、蛋白质、矿物质、维生素及水分等，除了水以外，大都需由饲料来提供。放养土鸡的营养需要量受到遗传性状、生理状况、饲养管理及环境因素的影响。放养土鸡与白羽快大型肉鸡的最大区别是体形较小，饲养周期较长，对上市鸡的胴体、外观、肉质有较高要求，所以营养需要量不能盲目搬用快大型肉鸡的标准。

养鸡业成本的70%~75%来自于饲料，饲料质量的好坏直接影响到养鸡水平，影响最终产品的质量。鸡产品是否可以作为绿色食品，首先要看饲料是否优质，是否符合环保的要求。具体说来，组成绿色饲料的原料必须是无污染、无农药残留、不含有任何激素及抗生素残留，加工过程中尽量不额外添加抗生素，杜绝使用激素。用于生产绿色饲料的原料，除了含有多种营养素之外，不应含有对家禽健康有害的物质。

第一节　放养土鸡的营养需要

鸡从出壳独立生活开始，直到产蛋结束或肉鸡育成，需要的营养物质可归纳为六大类：水、碳水化合物、蛋白质、脂肪、维生素和矿物质。

一 水

鸡体内含水量为74%。各种养分的消化、吸收、运输，废物的排出，体温的调节等，必须有水参与才能完成。所以，水对鸡来说是头等重要的。鸡只要有水喝，10来天不吃料死不了，但是超过3天喝不上水，就会渴死。

二 碳水化合物

这里讲的碳水化合物主要是淀粉和糖类。碳水化合物被土鸡消化吸收后，可在代谢过程中放出热量，供维持体温和进行生命活动。喂鸡所用的禾谷类作物的籽粒，如玉米、稻谷、小麦、高粱、小米、燕麦等，含有大量的碳水化合物，被称为能量饲料。其中，玉米是最好的能量饲料。

三 蛋白质

蛋白质是鸡肉、内脏、羽毛、血液的主要成分，是维持生命、保证生长发育不可缺少的物质。缺乏蛋白质，肉用鸡就长得慢，会出现各种病症，生产力下降；蛋用鸡则产蛋量下降，导致经济效益不佳，甚至亏损。常见的植物性蛋白质饲料为饼粕类，常见的动物性蛋白质饲料为鱼粉。一般来说，含粗蛋白质20%以上的饲料统称为蛋白质饲料。

四 脂肪

脂肪是鸡体能量来源之一，又是脂溶性维生素的携带者，脂肪分解产生能量供鸡体维持正常生理活动所需。饲料中一般不缺乏脂肪。所以，配制饲料时不必考虑脂肪问题。

五 维生素

维生素是一类需要量不大，但对维持鸡的生命活动必不可少的有机物。维生素的种类很多，可分为脂溶性维生素（如维生素A、维生素D）和水溶性维生素（如B族维生素、维生素C）两大类。

六 矿物质

1. 常量元素

鸡生长发育和生殖过程中所需的矿物质元素有14种，其中，钙、磷、钠、氯、钾、硫、镁的需要量大，被称为常量元素。它们在饲料中的含量用百分比表示。配制饲料时要按比例添加。

2. 微量元素

除了上述7种矿物元素外，鸡还需要铁、锰、碘、铜、钴、锌、硒7种微量元素，以维持正常的生理功能。因为这些元素的需要量极微，在饲料中的含量以百万分之一计算，所以称为微量元素。1吨饲料中含1克，即为百万分之一。配合饲料中一般不缺微量元素。缺乏时，可使用微量元素添加剂。

【注意】 传统的农家土鸡养殖方法多半都会缺乏营养，土鸡都是在低营养水平下缓慢生长的，这种方法不科学，养殖成本也高；要科学地用全价饲料喂鸡，只是注意不要添加抗生素，不要乱用药。

第二节 土鸡的饲养标准

每只鸡每日所喂的配合饲料量称为日粮。土鸡日粮的配合十分重要。将各种不同营养成分的饲料按比例配合起来，才能使它达到最佳状态，获得最大的经济效益。

各种类型的土鸡对营养要求不一样。肉用土鸡长得快、增重迅速，7～8周龄体重达1.5～2千克。因此，对蛋白质的要求高，一般日粮中的粗蛋白质在19%以上。

要使蛋用土鸡在生长期发育良好，应根据不同日龄提供适量的营养。产蛋期要按产蛋量加料，一般日粮中代谢能为1.15～1.17兆焦/千克。当产蛋率高于80%时，日粮中蛋白质应达

16.5%～17%，钙的含量为3%～3.5%。当产蛋率下降时，蛋白质和钙的含量也要适当减少。

各类鸡的饲喂量为：放牧和半放牧的产蛋土鸡，每只每日50～100克精饲料；肉用型土鸡一般每日喂50～120克精饲料。

日粮饲喂的原则是，既要维持机体正常生理活动，满足生长发育和产蛋的需要，也不能造成因鸡过食而过肥。不同品种、不同年龄、不同生长期、不同产蛋量及气温高低不同，土鸡的觅食量也各不相同。各类土鸡的饲养标准见表3-1、表3-2和表3-3。

表3-1　蛋用土鸡生长期的饲养标准

项　　目	0～6周龄	6～14周龄	14周龄以上
代谢能/(兆焦/千克)	11.88	11.88	11.72
粗蛋白质（%）	19	16	12
蛋白能量比/(克/兆焦)	67	56	43
亚油酸（%）	1.0	1.0	0.8

表3-2　蛋用土鸡产蛋期及土鸡种母鸡饲养标准

项　　目	产蛋率 80%以上	产蛋率 65%～80%	产蛋率 65%以下
代谢能/(兆焦/千克)	11.51	11.51	11.51
粗蛋白质（%）	16.5	15	14
蛋白能量比/(克/兆焦)	60	54	51
亚油酸（%）	1.0	1.0	0.8

表3-3　肉用土鸡雏鸡的饲养标准

项　　目	0～4周龄	4周龄以上
代谢能/(兆焦/千克)	12.14	12.56
粗蛋白质（%）	21	19
蛋白能量比/(克/兆焦)	72	63

第三节　可用于饲喂土鸡的饲料原料

鸡的饲料原料主要有能量饲料、蛋白质饲料、青绿饲料和矿物质饲料等。

一　能量饲料

能量饲料是指以干物质计，粗蛋白质含量低于20%、粗纤维含量低于18%的一类饲料。这类饲料主要包括谷实类、糠麸类、动植物油脂等。能量饲料在动物饲粮中所占比例最大，一般为50%～70%，对动物主要起着供能作用。

1. 谷实类饲料

谷实类饲料主要指禾本科作物的籽实，包括玉米、小麦、稻谷、大麦、高粱、燕麦等。这类饲料含淀粉量高，一般都在70%以上；粗纤维含量少，多在5%以内；粗蛋白质含量一般不超过10%；在所含灰分中，钙少磷多。谷实类饲料的适口性好、消化率高、有效能值高。谷实类是动物的最主要的能量饲料。

2. 糠麸类饲料

谷实类经加工后形成的一些副产品即为糠麸类，包括米糠、小麦麸、大麦麸、玉米糠、高粱糠、谷糠等。糠麸是一类有效能较低的饲料，粗蛋白质、粗纤维、B族维生素、矿物质比原料高。另外，糠麸类对多数动物有一定的轻泄作用。

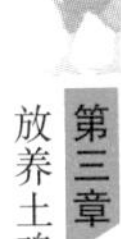

3. 油脂类

油脂类虽然在动物饲料中添加量比较少，却有举足轻重的地位。油脂类饲料分为动物油脂、植物油脂、饲料级水解油脂和粉末状油脂。油脂具有能值高、热增耗低、消化率好以及改善饲料风味等特点。可以供给动物必需的脂肪酸以及能量。

二　蛋白质饲料

蛋白质饲料是指干物质中粗蛋白质含量大于20%、粗纤维含量小于18%的饲料。蛋白质饲料可分为植物性蛋白质饲料、动物性蛋白质饲料、单细胞蛋白质饲料和非蛋白氮饲料。蛋白质饲料是动物配合饲料中重要且比较缺乏的饲料原料之一。在鸡饲料中，常用的蛋白质饲料有植物性蛋白质饲料和动物性蛋白质饲料。

1. 植物性蛋白质饲料

包括豆类籽实、饼粕类和其他植物性蛋白质饲料。这类饲料具有以下特点：

1）蛋白质含量高。一般植物性蛋白质饲料粗蛋白质含量在20%~50%之间。

2）粗脂肪含量变化大，油料籽实含量在15%~30%以上，非油料籽实仅有1%左右。

3）粗纤维含量低。

4）矿物质中钙少磷多，且主要是植酸磷。

5）大都含有抗营养因子。

2. 动物性蛋白质饲料

主要指水产、畜禽加工、缫丝及其乳品业等加工副产品。该类饲料的主要营养特点是：粗蛋白质含量高（40%~85%），氨基酸组成比较平衡；碳水化合物含量低；不含粗纤维；粗灰分含量高；钙磷含量丰富，比较适宜；维生素含量丰富；脂肪含量高。

在鸡饲料中用得较多的有鱼粉、血粉、羽毛粉、蚕蛹、昆虫粉等。

三 青绿饲料

青绿饲料以富含叶绿素而得名，种类极其繁多，主要包括天然牧草、人工栽培牧草、青饲作物、叶菜类、水生植物及树叶类等。这类饲料具有水分含量高、蛋白质含量较高且品质优、粗纤维含量低、钙磷比例适宜、维生素含量高等特点。另外，青绿饲料幼嫩、柔软、多汁、适口性好，还含有各种酶，易于消化。在鸡饲料中适当添加青绿饲料，有利于鸡肠道健康和改善鸡肉风味。

四 矿物质饲料

矿物质饲料是补充动物所需矿物质的饲料，包括各类常量元素饲料与微量元素饲料。常见的钙源矿物质饲料有石灰石粉、贝壳粉、蛋壳粉、骨粉等。磷源矿物质饲料有磷酸一钙、磷酸二钙、磷酸一钾等。钠源性饲料有食盐、硫酸氢钠、硫酸钠等。

【注意】 各种饲料原料尽量使用本地原料的目的是降低养殖中的饲料成本，如果本地原材料价格过高，可直接购买商品饲料进行饲喂。

第四节 土鸡的饲料配方

在配制配合饲料时，根据鸡的类型、年龄和生产情况，参阅饲料标准，应重点考虑日粮中粗蛋白质、代谢能的含量以及蛋白能量比例，再考虑磷、钙比例及含量，最后考虑矿物质及维生素的含量。一般日粮中各类饲料配合比例见表3-4。

表3-4 土鸡配合饲料中各类饲料的大致比例

饲料种类	配比（%）
谷物饲料（3种以上为好）	45～70
糠麸类	5～15
植物性蛋白质饲料	15～25
动物性蛋白质饲料	5～10
矿物质饲料	5～7
干草粉	2～5
微量矿物质和维生素添加剂	1
青饲料（2种以上为好，按精料的总量加喂，用维生素添加剂时可不喂）	30～35

一 蛋用土鸡的饲料配方

【配方1】适于1~3周龄雏鸡用。玉米62%，小米4%，高粱3%，麦麸4%，豆饼12%，鱼粉6%，骨肉粉7%，石粉1%，骨粉0.7%，食盐0.3%。

【配方2】适于4~6周龄雏鸡用。玉米62%，高粱4%，麦麸6%，豆饼16%，花生饼4%，棉籽饼（用前须去毒）2%，鱼粉4%，贝壳粉1%，骨粉0.7%，食盐0.3%。

【配方3】适于7~14周龄育成鸡用。玉米60%，米糠4%，高粱4%，红薯干8%，豆饼8%，花生饼7%，棉籽饼（用前须去毒）3%，鱼粉4%，骨粉1%，贝壳粉0.7%，食盐0.3%。

【配方4】适于15~25周龄育成鸡用。玉米65%，麦麸15%，大麦5%，豆饼6%，棉籽饼（用前须去毒）3%，鱼粉3%，贝壳粉1.5%，骨粉1.2%，食盐0.3%。

【配方5】适于产蛋率达50%时的饲料配方。玉米60%，麦麸6%，豆饼20%，棉籽饼（用前须去毒）3%，鱼粉5%，骨粉2%，贝壳粉3.7%，食盐0.3%。

【配方6】适于产蛋率达85%时的饲料配方。玉米50%，麦麸4%，豆饼20%，棉籽饼（用前须去毒）5%，花生饼6%，鱼粉6%，血粉1.5%，骨粉2%，贝壳粉5%，食盐0.3%，甲硫氨酸0.2%。

二 肉用土鸡的饲料配方

【配方1】适于0~4周龄肉用雏鸡用。玉米49.5%，高粱10%，麦麸5%，豆饼24%，鱼粉10%，骨粉0.73%，贝壳粉0.5%，食盐0.27%。

此配方含粗蛋白质22.06%、代谢能12.43兆焦/千克。

【配方2】适于0~4周龄肉用雏鸡用。玉米50%，碎米10%，大麦7.5%，豆饼22%，鱼粉8%，食盐0.3%，矿物质补充剂1.95%，维生素补充剂0.25%。

此配方含粗蛋白质22.4%、代谢能11.72兆焦/千克。

【配方3】适于4周龄以上的肉用土鸡用。玉米60%，高粱10%，豆饼20%，鱼粉8%，骨粉1.3%，贝壳粉0.33%，食盐0.37%。

此配方含粗蛋白质19.59%、代谢能12.94兆焦/千克。

【配方4】适于4周龄以上的肉用土鸡用。玉米45%，碎米24.5%，小麦5%，菜籽饼（用前须去毒）7%，鱼粉10%，蚕蛹6%，食盐0.3%，矿物质补充剂1.95%，维生素补充剂0.25%。

此配方含粗蛋白质20.1%、代谢能12.39兆焦/千克。

【配方5】适于4周龄以上的肉用土鸡用。玉米64.5%，豆饼18%，鱼粉8%，细麸8%，骨粉1%，蛋壳粉0.13%，细盐0.37%。

此配方含粗蛋白质19.2%、代谢能12.56兆焦/千克。

三 配制饲料的注意事项

1）任何单一的饲料都不能满足土鸡的需要。所以，配制日粮时，饲料种类尽可能多，且需均衡搭配。

2）饼粕是重要的蛋白质饲料，最好是几种饼粕同时使用，使日粮中氨基酸趋于平衡，以提高蛋白质的利用率。菜籽饼、棉籽饼有毒，最好脱毒后再用。如用未脱毒的，最多只能占日粮的7%～8%，脱毒后可增至15%～20%。豆饼要用熟豆饼。

3）配制饲料前，原料要粉碎，但不能太细。配料时，一定要搅拌均匀。

4）不要一次配料太多，否则不能保持饲料新鲜。特别是混入的有些维生素放置过久，容易氧化失效。以每周配1次料为宜。发霉变质的料不能用。

5）配方中比例较少的成分应采用逐级预混，如食用多维、微量元素添加剂和药物等，要先与少量饲料混合均匀，经从少到多几次拌和，才能混入大量饲料中。

6）青饲料的用量一般占日粮的20%～30%。配合料中还应

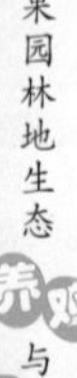

加入2%的沙砾以利于鸡的消化。没有青饲料的季节，配合饲料中应添加多维素。

【提示】 使用预混料也是一种省事的办法，购买商品预混料，自己再用原料简单配合一下，即省事又节约成本。

第五节 土鸡新饲料的开发

一 干草粉

干草粉主要是指豆科和禾本科干草磨成的粉。豆科草粉含有丰富的蛋白质、矿物质、胡萝卜素等，冬季可作为维生素补充饲料。

干草粉与其他饲料一起喂。肉用仔鸡喂量可占日粮的2%～3%，产蛋鸡喂量占日粮的3%～5%，雏鸡酌情减量。

要想调制优良干草粉，应尽量保持干草的色泽和清香味道，防止霉烂变质，一经风干就可加工成干草粉。

二 松针粉

松针粉中所含的多种氨基酸、生长激素和微量元素，能提高产蛋量和具有防病、抗病的功效。在蛋鸡的日粮中添加5%的松针粉，其产蛋量可比未添加松针粉的蛋鸡高8.1%，节省饲料9.2%。在雏鸡的日粮中，添加适量的松针粉，其成活率可从68%提高到75%，生长期从110天减少到100天，每只鸡消耗的饲料由7.75千克降至6.5千克。

三 育虫喂鸡

育虫喂鸡是一种既节约饲料，又能增加鸡饲料中的蛋白质的好办法，可使小鸡长得快，母鸡产蛋多。以下几种育虫的方法，可结合各地情况加以选用。

1. 稀粥育虫法

选3小块地，轮流在地上泼稀粥，然后用草盖好，两天后会生出小虫子，轮流让鸡去吃。注意防雨淋、防水浸。

2. 稻草育虫法

选择较潮湿的地方，挖一个深约30厘米的土坑，坑的大小视料多少而定。先在坑底铺上一层碎稻草，然后把稻草（或麦草、玉米秸）铡成5~6厘米的短段，加入杂草和少量麸皮、酒糟，浇水拌匀装入坑内，然后用土盖好、盖严、压实，随后每天洒水一次。夏、秋季节，15~20天就可出虫喂鸡。

3. 豆饼育虫法

把少量豆饼敲碎后与豆腐渣一起发酵，发酵好后，再与秕谷、树叶等混合，放入20~30厘米深的土坑内，上面盖一层稀污泥，再用草等盖严实，过6~7天即生虫子。

4. 豆腐渣育虫法

把1~2千克豆腐渣倒入缸内，再倒入一些洗米水，盖好缸口，过5~6天即生虫子，再过3~4天即可让鸡采食。用6只缸轮流育虫可满足50只鸡的需要。

5. 混合育虫法

挖一深0.5米的土坑，底铺一层稻草，草上铺一层污泥，如此层层铺至坑满为止，以后每天往坑里浇水，经10余天即生虫子。

6. 腐草育虫法

在较肥沃的地块挖宽约1.5米、长1.8米、深0.5米的土坑，底铺一层稻草，其上铺一层豆腐渣，然后再盖一层牛粪，粪上盖一层污泥，如此铺至坑满为止，最后盖层草。经一周左右即生虫子。

7. 牛粪育虫法

将新鲜牛粪晾到半干，混入少量鸡毛、杂草、酒糟，用湿水搅拌成糊状，堆成高0.5~1米、宽1~1.5米、长1.5~3米的育虫堆，堆表面抹上一层稀泥，堆顶加盖一层稻草（或芒草、麦秸）。经过15~20天以后，堆里便生出很多虫子，这时可以扒堆喂鸡。虫子吃完后，可在原堆上添加原料，再做育虫堆。

亦可在牛粪中加入10%米糠和5%麦麸，拌匀，堆在阴凉处，上盖杂草、秸秆等，最后用污泥密封，约过20天即生虫子。

8. 酒糟育虫法

将酒糟、酱油渣和鸡粪、猪粪拌在一起（含水量70%左右），以15厘米厚平摊在地上，经常洒水，就能招来苍蝇产卵。如果再掺上少量烂韭菜、洗肉水就会招来更多种类的苍蝇产卵。生蛆培养料要经常翻倒，以防发霉腐败，用过的培养料还可以喂猪、鱼等，一般过4~5天后生蛆，每平方米可产蛆1.5千克。饲喂时可放鸡自由采食5分钟左右，然后及时饮水，30日龄前的雏鸡日食量为1.5克，60日龄左右的鸡日食量为7克，产蛋鸡每天不得超过20克。

9. 杂物育虫法

将鲜牛粪、鸡毛、杂草、杂粪等易生虫子的东西混合，加水调成糊状，堆成1米高、1.5米宽、3米长的土堆，堆顶部及四周抹一层稀泥，堆顶部再用草等盖好，以防太阳晒干，过7~15天即生虫子。

10. 麦糠育虫法

在庭院院角堆放两堆麦糠，分别用草泥（碎草与稀泥混合而成）糊起来，数天后即生虫子。轮流让鸡采食虫子，食完后再将麦糠等集中起来堆成堆，又可生虫子。

11. 猪粪发酵育虫法

每500千克猪粪晒至七成干后，加入20%肥泥和3%麦糠或米糠，拌匀，堆成堆后用塑料薄膜封严发酵7天左右。挖一深50厘米的土坑，将以上发酵料平铺于坑内，发酵料厚30~40厘米，上用青草、草帘、麻袋等盖好，保持潮湿，20天左右即生大量蛆、虫、蚯蚓等。

12. 鸡粪育虫法

将鸡粪晒干，捣碎后混入少量米糠、麦麸，再与稀污泥拌匀后堆成圆堆，用杂草盖严。每天浇1~2次污水，一般经半个月左右即会生出大量小虫。圆堆利用后再堆好，过2~3天后又能收取虫子，可连续利用3~4次。

四 养蝇蛆喂鸡

家蝇繁殖的幼虫称为蝇蛆，它是优质动物性蛋白质饲料。蝇蛆的营养成分与优质鱼粉相似，干品粗蛋白质含量59%~65%、粗脂肪含量11%~13%、钙含量0.3%~0.7%、磷含量1.7%~2.6%，用10%蝇蛆粉喂蛋鸡，其产蛋率比饲喂同等数量鱼粉的蛋鸡提高20.3%，饲料报酬提高了15.8%。

蝇蛆的养殖分为蝇的饲养和蝇蛆的饲养两个阶段。养种蝇是为了获得大批蝇卵，供繁殖蝇蛆用。

1. 种蝇的饲养

种蝇有飞翔力，须笼养。采用木条或直径6.5毫米的钢筋制成65厘米×80厘米×90厘米的长方体框架，在架外蒙上塑料窗纱或细眼铜丝网，并在笼网一侧安上纱布手套，以便喂食和操作。每个种蝇中配备1个饲料盆和1个饮水器。1个笼可养成蝇4万~5万只。种蝇用5%的糖浆和奶粉饲喂；或将鲜蛆磨碎，取95克蛆浆、5克啤酒酵母，加入155毫升冷开水，混匀后饲喂。初养时可用臭鸡蛋，放入白色的小瓷器内喂养。饲料和水每天更换1次。种蝇室的温度要控制在24~30℃，空气相对湿度控制在50%~70%。

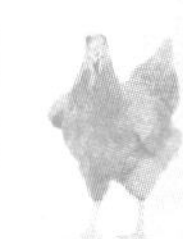

培养种蝇时，可将蝇蛹洗净放入种蝇笼内，待其羽化到5%开始投食和供水，种蝇开始交尾后3天放入产卵盘。盘内盛入2/3高度的引诱料。引诱料用麦麸、鸡饲料或猪饲料，加入适量稀氨水或碳酸氢氨水调制而成。每天接卵1~2次，将卵与引诱料一起倒入幼虫培养室培养。

2. 蝇蛆的饲养

（1）饲养设备 小量饲养可以用缸、盆等，大规模宜用池养。用砖在地面砌成1.2米×0.8米×0.4米的池，池壁用水泥抹面。池口用木制框架蒙上细眼铜丝或筛绢作盖。

（2）蝇蛆培养 培养料可用畜禽粪，也可用酒糟、醪糟、豆腐渣、屠宰场下脚料等配制。培养基含水量65%～70%，pH保持在6.5～7。每平方米养殖池倒入培养基35～40千克，厚度4～5厘米，每平方米接种蝇蛆卵20万～25万粒，重20～25克。接种时可把蝇蛆卵均匀撒在料面上。保持培养室黑暗，培养料温度控制在25～35℃，培养几天后，培养料温度下降，体积缩小。此时应根据蝇蛆数量和生长情况补充新鲜料。

（3）幼虫的分离采收 在温度为24～30℃的情况下，经4～5个昼夜，蝇蛆个体可达20～25毫克，蝇蛆趋于老熟，除留作种用的让其化蛹外，其余幼虫按下述方法分离采收。

① 强光照射分离。由于蛆有怕强光特性，可采用强光照射，待蛆从表面向下移动，层层剥去表面培养料，底层可获得大量蝇蛆。

② 水分离。将蛆和剩余的培养料一起倒入水缸中，搅拌后待蛆浮于水上面，用筛捞出。

③ 鸡食分离。将蛆和剩余的培养料撒入鸡圈内，让鸡采食鲜蛆后，再把粪料清除干净。蝇蛆作饲料，家禽大多采用鲜蛆投喂；喂家畜多采用干粉，即将蛆烫死晒干后磨成粉，加入配合饲料中投喂。

五 养蚯蚓喂鸡

蚯蚓是鸡的理想饲料。养殖蚯蚓所需设备简单，饲料来源广泛，方法容易掌握。

1. 繁殖场地的选择

蚯蚓性喜阴湿安静，养殖场应选择在背阳、潮湿和安静的环境，便于防暑、保温，排水良好，通风、避光，无敌害的地方。也可利用旧木箱、瓦盆、花钵等做容器，在室内喂养。

2. 饲料的制备

蚯蚓的饲料主要是土壤中的有机质和腐烂的落叶、枯草、蔬菜碎屑、作物秸秆和畜禽粪便等，但必须先经发酵腐熟，使之分解，达到无酸、无臭、无不良气味。

饲料可用牛粪（或猪粪）（占70%）、渣肥（或青草）（占20%）、鸡粪（占10%），混合堆积发酵，10天后翻搅1次，再经1周，待饲料变成黑褐色，质地松散，不黏滞，无恶臭就可使用了。也可全部用猪粪或牛粪，单独堆积发酵，待腐熟后使用。

3. 投料方法

投料包括底层的基料和上层的添加料。初次饲养时，先在饲养容器内放上30厘米厚的基料（即发酵腐熟的蚯蚓饲料），然后在饲养容器的一边，自上而下挖去宽3~6厘米的基料，在此处加入取自地下33厘米以下的泥土。只要把蚯蚓放在泥层上，洒些水，蚯蚓就会很快钻入泥土中。如果基料不适合蚯蚓的要求，它就在泥层中生存，只在觅食时才把头伸进基料。若是基料适合蚯蚓要求，它就会很快钻入基料中。基料消耗以后，需要喂饲料，一般采用块状料投喂法。加料时，先把陈旧料连同蚯蚓向饲养面的一方堆拢，然后在空出的地方加入发酵好的饲料。经过1~2天，陈旧料堆内的蚯蚓纷纷进入新鲜饲料堆中，再移去上面的旧饲料（蚓粪），蚯蚓和卵就这样分开了。陈旧料中有大量卵泡，收集后另行孵化。

4. 蚯蚓的管理

在蚯蚓的生活环境中，必须有足够的新鲜空气。如在室内养殖应常开门窗。蚯蚓爱吃细、烂、湿的饲料，加之它依靠皮肤吸收溶解在水中的氧气，因而水分的供应特别重要。饲料的含水率以70%左右为宜，用手挤压上层料，指缝间应有水滴，底层要求积水1~2厘米。夏季每天早晚要分别浇水1次，冬天每3~5天浇水1次，并在饲料面上加盖稻草保温、保湿。饲料的pH为5.5~7.8。过酸的环境会导致蚯蚓逃逸或死亡。饲料切忌混入人粪尿、化肥和农药等有害物质。

一般说来，蚯蚓的活动温度为5~30℃，10℃以下活动迟钝，5℃以下处于休眠状态，0℃以下会冻死。因此，冬季应注意升温、保温。室内养蚯蚓，冬季要堵严门窗，防止漏气散温。还可采用火炉、火墙、暖气等升温措施。露天养蚯蚓，冬季可采用移入地窖、加厚饲料层、利用发酵物生热等措施来解决升温、保温问题。将蚯蚓移入地窖养殖，温度可保持在10℃以上。将养殖层加厚到40～50厘米，饲料上面覆盖杂草，杂草上面再盖塑料膜，也是一条切实可行的保温措施。利用发酵物生热的做法，是在养殖床底铺一层20厘米厚的新鲜马粪，也可以掺入部分新鲜鸡粪，压实后上面铺一层塑料膜，塑料膜下面放蚯蚓和饲料。

5. 蚯蚓的繁殖

蚯蚓属雌、雄同体，异体交配。人工养殖蚯蚓约50天成熟，成熟的蚯蚓2～5天可产卵泡1个。卵泡呈麦粒状，分布于饲养面的表面，内含1～7个受精卵。在气温25～35℃条件下，卵泡经11～22天孵化出小蚯蚓。蚯蚓寿命为3～5年，产卵能力随年龄的增长逐渐减弱，需适时更换蚯蚓种。

从幼蚓到成蚓需50～90天。一年中可养三批成蚓。按每平方米养殖15000条计算，每平方米的养殖场地内一年可生产成蚓20千克。

6. 蚯蚓的收集

利用蚯蚓怕光的习性，在收取蚯蚓时让饲料床见光，蚯蚓见光就钻到饵床深部，这时刮去表层蚓粪，将底部聚集成团的蚯蚓取出，再除去附着的饲料即可。

7. 蚯蚓粉的制作

制作蚯蚓粉的方法很简单，首先用清水把活蚯蚓洗干净，然后在晴天中午阳光强烈时，将蚯蚓倒在干净的水泥或石板地面上，上面盖一层塑料薄膜，并将薄膜四周用湿土压紧，不让通风，过一段时间，待蚯蚓闷死、晒死后，及时打开薄膜曝晒，注意经常翻动。待蚯蚓晒干后，用饲料粉碎机将蚯蚓粉碎成粉，即为蚯蚓粉。

⚠【注意】 这些土鸡饲料使用的目的主要是为了降低养殖成本，提高养殖效率。土鸡销售一般走高端路线，要求养殖时间长，模仿传统农家养殖方法，鸡脱温（脱温就是不再人工供暖，让雏鸡去适应自然气候）后就不用专门饲喂全价饲料了，但是鸡只缺乏营养元素生长会很缓慢，这些饲料的使用，可以部分满足鸡只的生长需要。

第四章
育雏关键技术

雏鸡幼小，抗病力差，不能直接进入野外饲养。3～4 周龄前与普通育雏一样，进行人工育雏，脱温后转移到露地放养。因此，一定要抓好前 3 周的管理，为雏鸡的后期生长奠定基础。

第一节 育雏方式

鸡的育雏方式主要有平面育雏、立体育雏及发酵床育雏技术。平面育雏又可分为落地散养、网上育雏和混合地面育雏。不同的地区及场址应因地制宜地选择合适的方式，其中以平养和笼养最为常见。

一 平面育雏

1. 落地散养育雏（彩图 5）

将雏鸡饲养在铺有垫料的地面上，育雏的地面可以是水泥地面、砖地面、土地面或炕面，各种地面均需铺设垫料。垫料可以时常更换，也可以在雏鸡脱温时一次清除，后者被称为厚垫料育雏。厚垫料育雏时，鸡粪和垫料发酵产热，可以提高舍温，还可以在微生物的作用下产生维生素 B_{12}，能被鸡采食利用。这种育雏方式不仅节省清运垫料的人力，还可以充分利用鸡粪这种高效有机肥料。厚垫料育雏的方式是：将雏鸡舍打扫干净，消毒后，每平方米地面撒生石灰1千克，然后铺上5~6厘米厚的垫料，育雏2周后，加铺新垫料；育雏结束时，垫料厚度可达15~25厘米。在育雏期间，发现垫料板结时，应及时用草杈将垫料挑松，使之保持松软、干燥。垫料于育雏结束后一次性清除。使用这种方式育雏，室内要保持良好通风，雏鸡密度在每平方米40只以下；垫料要防止潮湿，可3~5天撒一次磷酸钙，使用量为每平方米100克。

育雏舍内要设置料槽或料桶、雏鸡饮水器或水槽，以及供暖设备等。育雏舍面积较大和饲养雏鸡数量较多时，要设置分栏，即用围席或挡板将地面围成几个小区，把雏鸡分成小群饲养。随着雏鸡日龄的增加，雏鸡逐渐会飞能跳，此时再将围席或挡板去掉，这样可以有效地防止因舍温突然降低造成雏鸡扎堆而挤压死亡。地面育雏要搞好环境卫生，保持育雏舍地面和垫料清洁干燥。饮水器周围的垫料容易潮湿，要随时更换潮湿垫料，不让球虫卵囊有繁殖的条件，这是地面平养防止球虫病发生的重要措施。

落地散养育雏简单易行，管理方便，特别适合农户养鸡。但是，由于雏鸡与地面鸡粪经常接触，容易感染球虫病，雏鸡成活率低。而且，落地散养育雏占地面积大，房舍利用不够经济，还需耗费较多垫料。

2. 网上育雏

网上育雏是利用网面代替地面饲养雏鸡。网的材料有铁丝网和塑料网，也可以就地取材，用木板或毛竹片制成板条在地面上架高使用。通常网面比地面高50~60厘米，网眼不超过1.2厘米×1.2厘米。网上设置饮水及喂料装置。网上育雏的加热供暖设备同地面育雏一样，有多种形式，如火炕、电热伞、红外线装置和蒸气热水管等。雏鸡在网上采食、休息，排出的粪便通过网眼落于地面。网上育雏的前两周也应设置围网或挡板，将雏鸡分成小群饲养，防止挤压死亡，育雏后期可以合群饲养。

网上育雏使雏鸡不与粪便直接接触，减少了病原体再污染的机会，有利于防病，特别是对于预防鸡白痢病和球虫病有极其显著的效果，可以提高育雏成活率。网上育雏的不足之处是投资较高。网上育雏要有较高的饲养管理水平，特别是饲料营养要全价，防止鸡产生营养缺乏症。鸡舍要加强通风换气，防止雏鸡排出的粪便堆积产生有害气体。

3. 混合地面育雏

混合地面育雏就是将鸡舍分为地面和网上两部分，地面垫草，网上为板条棚架结构。板条棚架结构床面与垫料地面之比通常为6∶4或2∶1，鸡舍内布局主要采用“两高一低”或“两低一高”。“两高一低”是目前国内外使用最多的肉种鸡饲养方式，国外蛋种鸡也主要采用这种饲养方式，即沿墙边铺设板条，一半板条靠前墙铺设，另一半板条靠后墙铺设。产蛋箱在板条外缘，排向与鸡舍的长轴垂直，一端架在板条的边缘，一端悬吊在垫料地面的上方，便于鸡只进出产蛋箱，也减少了占地面积。

二 立体育雏

立体育雏是应用分层育雏笼来养育雏鸡，这是现代化养鸡的一种方式（图4-1）。分层育雏笼由笼架、笼体、料槽、水槽和承粪盘组成。一般笼架长为100厘米，宽为60厘米，高为150厘米。从离地面30厘米起，每层高约为40厘米，可有3~5层，采用叠层式排列。每层笼子的四周用铁丝、木条等制成栅栏，栅栏间隙以雏鸡能伸出头来为宜。饲槽盒、饮水器挂在栅栏外，雏鸡通过栅栏吃料、饮水。每层笼底用铁丝网片制成，也有的用涂塑金属底网。每层笼底网与下一层笼体之间设有承粪盘，承粪盘与笼底相距10~15厘米，雏鸡粪便可由笼底漏下，落入承粪盘。承粪盘最好是抽拉式的。每天由饲养员取下脏粪盘，换上干净的粪盘。

图 4-1　立体育雏

立体育雏笼可以饲养小雏、中雏和大雏，不用转群。立体育雏笼的门可以上下调节，上部间隙大，下部间隙小，能防止鸡跑出笼外。

立体育雏笼的热源多数采用电热丝，有的能自动调节温度，也可以使用热水管、灯泡，还可以采用直接提高舍温的方法供暖。供水、供料系统有的采用手工操作，有的采用半机械化操作。

立体育雏提高了单位面积的育雏数和房舍利用率，提高了劳动生产率，适宜大规模育雏。立体育雏管理方便，能有效地利用热能，节省燃料，降低了饲料和垫料的消耗；雏鸡采食均匀，发育整齐，可有效地防止感染疾病，育雏成活率高。但是，立体育雏的投资大。农村养鸡应充分利用当地材料，使用竹木结构，不必用钢材。立体育雏对饲料营养、饲养密度及环境通风换气的要求比较严格。

三 发酵床育雏

鉴于选址有别，一般情况，鸡舍应根据养殖需求来建设，长、宽比例控制在5∶1。建设鸡舍应考虑通风，调节室内温度和湿度，保证温度在15～20℃。因此，这里提供一个模型或是一个公式以供参考。

发酵床鸡舍建造模式如下：

1. 地上式

地上式的鸡舍更为简单一些，也适用于旧鸡舍的改造，只需要在旧鸡舍内的四周用相应的材料（如砖块、土坯、土埂、木板或其他当地可利用的材料）做 30～40 厘米高的挡土墙（其实是遮挡垫料），地面要求是泥地（使用水泥地面改造，要在每平方米地面上钻 6～10 个直径为 4 厘米的孔），铺上 30～40 厘米厚的垫料，加入菌种即可。

2. 半地下式

即把鸡舍中间的泥地挖出一些泥土，如挖 15 厘米深，挖出的泥土可以直接堆放到鸡舍四周，作为挡土墙之用，起到了就地取材的作用。

总之，只要空出高度为 30～40 厘米的空间，可放置发酵床垫料，再在上面盖上养鸡的大棚即可。

建设简单的鸡舍，以 24 米×8 米的鸡舍为例，面积为 192 米^2，造价不到 8000 元，如封底使用简单柱子、水泥瓦为结构的 200 米^{2}发酵床养鸡舍，全部成本仅为 1 万元左右，而建设相应的标准砖瓦结构鸡舍，则需要 3 万元左右。

充分利用阳光的温度控制：大棚上覆薄膜、遮阳网，配以摇膜装置，棚顶每 5 米或全部设置天窗式排气装置，天热可将四周裙膜摇起，达到充分通风的目的。冬天温度下降，则可利用摇膜器控制裙膜的高低，来调控舍内温度和湿度。冬天可将朝南遮阳网提高，以增加阳光的照射面积，达到增温和消毒的目的。使用寿命可达到 6～8 年。

> ⚠【注意】 各地的温度、湿度、海拔差异都很大，在别的地方适用的技术，在当地不一定适用，养殖前最好考察当地成功的养殖户，学习其经验。

第二节 育雏前的准备和雏鸡的选择与装运

一 育雏前的准备

雏鸡对各种疾病的抵抗力差，因此进雏前的准备工作十分重要。如育雏室调温、通风设施、卫生消毒、防疫灭病药品器械的准备、免疫程序的制定等，都应事先做好。

1. 鸡舍及设备的检查与维修

如果是旧育雏舍，则应先将舍内的鸡粪、垫料等清扫干净，再进行检查维修，如修补门窗、封死老鼠洞、检修育雏的鸡笼。如果是第一次育雏，则鸡舍和设备修建好以后，还要进行其他的准备工作。

2. 饲养用具的准备

食槽或料桶、饮水器或饮水槽、照明设施、温度计、湿度表、水桶、水舀子、注射器等要准备充足。

3. 饲料及疫苗、药品的准备

进雏前必须备好育雏期所需的饲料。1～3 日龄的雏鸡使用投食料，3 日龄后使用土鸡全价颗粒料或自配混合料。自配料要做到质优、价廉、营养全面，符合优质土鸡饲料营养水平。育雏期的自配混合料营养水平：代谢能为 11.7 兆焦/千克，粗蛋白质为 20%，钙为 0.9%～1.1%，总磷为 0.65%～0.75%，食盐为 0.3%～0.35%，甲硫氨酸为 0.45%，赖氨酸为 1.09 %。另外，要根据当地疾病流行特点，准备好所要用的疫苗和药品，如新城疫疫苗、法氏囊病疫苗、土霉素、环丙沙星等。

4. 消毒

雏鸡进舍一周前做好育雏室及所有用具的清洁消毒工作。清洁时可以用高压水龙头冲洗舍内地面、四壁、屋顶、门、窗、鸡笼和各种用具，直到肉眼看不见污物。对于铁质的平网、围栏与料槽等，晾干后可用火焰喷枪灼烧消毒；用药物消毒时可选用广谱、高效、稳定性好的消毒剂，如用 0.1% 的新洁尔灭、0.3%～0.5% 的过氧乙酸或 0.2% 的次氯酸等对鸡笼与墙壁喷雾消毒，用

1%~2%的氢氧化钠水溶液或10%~20%的石灰水对鸡舍地面泼洒消毒，用0.1%的新洁尔灭或0.1%的百毒杀浸泡塑料盛料器与饮水器。消毒时将所有门窗关闭，以便门窗表面能喷上消毒液。熏蒸消毒前，舍内应密封好，然后每立方米空间用福尔马林30毫升，并加入高锰酸钾20克，进行熏蒸消毒。24小时后，打开门窗排出残余气体，准备进雏。

5. 预温

新建鸡舍要提前24小时预温，整理好供暖设备（如红外线灯泡、煤炉、烟道等），地面平养的舍内需铺好垫料，网上平养的则需铺上塑料薄膜。平养的都应安好护网。将育雏温度调到需要达到的最高水平（一般近热源处为35℃，舍内其他地方最高为24℃左右），观察室内温度是否均匀、平稳，加热器的控制原件是否灵敏，温度计的指示是否正确，供水是否可靠。接雏前还要把饮用水加好，让水温达到室温。在进雏前应确保育雏室温度达到育雏要求。进雏前24小时应开始烧炕预温。

【提示】 如果养殖规模不大，可以从专业的养鸡公司购进脱温鸡苗进行养殖。

二 雏鸡的选择与装运

1. 种雏的选择

在选择雏鸡种苗时，应根据各地的消费习惯，选择生长快、适应性强、饲料转化率高的鸡种，如上海的紫凤鸡、永安的大麻鸡、广东的三黄鸡等。购雏时，一定要到信誉好的孵化厂预购。进雏时，应选择1日龄的健雏，这是提高成活率的关键。在实际操作中，可通过“一问、二看、三听、四摸”的办法来选择，即：一问厂方给雏鸡的疫苗接种情况；二看大群雏鸡的精神状态、羽毛整洁程度、活泼灵活度、眼睛是否明亮；三听叫声是否洪亮、清脆；四是结合清点鸡数时，摸鸡的腹部的松紧程度，以判定蛋黄是否吸收良好，脐部收合是否正常。

2. 雏鸡的装运

（1）掌握适宜的运雏时间 初生雏鸡体内还有少量未被利用的蛋黄，可以作为初生阶段的营养来源，故初生雏鸡在48小时或稍长的一段时间内可以不喂饲料。但从保证雏鸡的健康和正常生长发育考虑，适宜的运输时间应在雏鸡绒毛干燥后至出壳48小时前（最好不超过36小时）进行。另外，还应根据季节确定启运的时间。一般来说，冬季和早春育雏，应选择在中午前后气温相对较高的时间启运；夏季运雏，则宜选择在日出前或日落后的早、晚进行。

（2）准备好运雏用具 运雏用具包括交通工具、装雏箱及防雨、保温用品等。装雏工具最好采用专业雏鸡箱（目前一般孵化场都有供应），箱长为50～60厘米，宽为40～50厘米，高为18厘米，箱子四周有若干直径2厘米左右的通气孔。箱内分4个小格，每个小格放25只雏鸡，每箱共放100只左右。如果没有专用的雏鸡箱，也可采用厚纸箱、木箱或框子代替，但都要留有一定数量的通气孔。冬季和早春运雏要带防寒用品，如棉被、毛毯等。夏季运雏要带遮阳防雨工具。在装运雏鸡前，所有运雏工具或物品均要进行严格消毒。

（3）运输过程中注意保温通气 运雏人员必须具备一定的专业知识和运雏经验，还要求有较强的责任心。养鸡专业户最好亲自押运雏鸡。雏鸡运输过程中，保温与通气是矛盾的。只注意保温，不注意通风换气，使雏鸡受闷、缺氧，严重的会导致窒息死亡；只注意通气，忽视保温，雏鸡会受风着凉，容易感冒和诱发雏鸡白痢病，成活率下降。因此，装车时要注意将雏鸡箱错开安排，箱周围要留有通风空隙，重叠高度不能过高。气温低时要加盖保温用品，但要注意不能盖得过严。装车后要立即启运，运输过程中应尽量避免长时间停车。运输人员一般每隔30分钟至1小时观察一次雏鸡的动态。如见雏鸡张嘴抬头、绒毛潮湿，则说明温度过高，应及时通风；如见雏鸡拥挤在一起，吱吱鸣叫，则说明温度偏低，应加盖保温。因温度低或车子震动的影响，雏鸡会

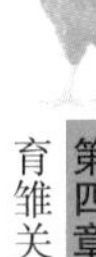

出现扎堆现象，每次检查时用手轻轻地把雏鸡堆搂散开。另外，在运输过程中，特别是长时间停车时，最好将雏鸡箱左右、上下定期调换，以防底层雏鸡受闷。

第三节　育雏环境的标准与控制

一　温度

雏鸡的体温调节功能不完善，既怕冷又怕热。如果环境温度过高，则会影响雏鸡体热和水分的散发，使体温平衡紊乱、食欲减退、生长发育迟缓、死亡率增加；如果环境温度过低，则雏鸡会扎堆，行动不灵活，采食饮水均受到影响；如果环境温度过高，而后又突然下降，则会使雏鸡受寒，易发生雏鸡白痢病，发病率和死亡率上升。因此，掌握和控制好温度是育雏成功的关键。不同日龄雏鸡的适宜温度见表4-1。

表4-1　不同日龄雏鸡的适宜温度

日　龄	温度/℃	日　龄	温度/℃
1～3	32～34	22～28	20～25
4～7	30～32	29～35	15～25
8～14	27～30	36以上	15～25
15～21	25～27		

在适宜的温度范围内，主要通过调节散热量来维持体温恒定，而且雏鸡生长快，饲料利用率高，健康状况好。

育雏温度包括育雏室温度和育雏器温度。对于平面育雏而言，育雏器温度是指育雏器（如电热伞）边缘离地面或网面5厘米处的温度；育雏室温度是指舍内距育雏器或者热源最远处离地面1米的墙上测得的温度。对于笼养育雏来说，育雏器温度是指笼内热源区底网上方5厘米处的温度；育雏室温度是指笼外离地面1米处的温度。育雏室温度要比育雏器温度低，使整个育雏环境温度呈现高、中、低之别，这样既可以促进空气流动，又可以使每个雏鸡找到自己所需要的温度。雏鸡对温度的需求存在个体差异，此即所谓的温差育雏。

在育雏时，育雏温度除参照表4-1以外，还要根据外界气候的变化进行适当调节。当外界气温低时，育雏温度要高一些，当外界气温高时，育雏温度要低一些；白天的育雏温度应低一些，夜晚的育雏温度应高一些，一般夜间育雏温度比白天高1～2℃；健雏的育雏温度应低一些，弱雏的育雏温度应高一些；大群育雏的育雏温度应低一些，小群育雏的育雏温度应高一些。

育雏最初1～3天，育雏器温度应达到34～35℃，育雏室的温度在24℃以上，以后逐渐降低。应重点抓好前3周龄育雏温度的管理，防止低温或大幅度降温。随着雏鸡日龄的增加，育雏温度也要不断下降，直到脱温。雏鸡脱温要有一个适应过程，开始时，白天不给温，晚上给温，天气好不给温，阴天给温。鸡群经5～7天适应自然气温后，最后达到彻底脱温。

检查育雏温度是否合适时，温度计上的显示值只是一种参考依据，更重要的是要求饲养人员能看鸡施温，即通过观察雏鸡的表现，正确地控制育雏的温度。育雏温度合适时，雏鸡表现活泼好动，精神旺盛，叫声轻快，食欲良好，饮水适度，羽毛光滑整齐，粪便正常，饱食后休息时均匀地分布在育雏器周围或育雏笼的底网上，头颈伸直熟睡，无异常状态或不安叫声，鸡舍内安静。育雏温度过低时，雏鸡表现行动缓慢，羽毛蓬松，身体发抖，聚集拥挤到热源下面，扎堆，不敢外出采食，不时发出尖锐、短促的叫声，精神差，易导致雏鸡因挤压而死亡。此时应尽快提高舍温或育雏器温度，并观察温度上升至正常，不可超温。育雏器温度过高时，雏鸡远离热源，匍匐地面，两翅张开，伸颈、张口喘气，饮水量增加，食欲减退。此时应逐渐降低室温或育雏器温度，给雏鸡提供足够的饮水，打开育雏器背风处的通风窗或孔，待温度下降至正常时，再逐步关闭通风窗或孔，稳定热源温度，切不可突然降温，更不能打开上风窗或孔。如果育雏器有贼风，雏鸡会密集拥挤在育雏器的一侧，发出叽叽的叫声。

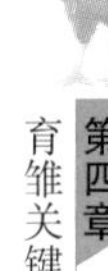

二 湿度

在通常情况下，育雏期间对湿度的要求不像温度那样严格，在特殊的条件下，或与其他环境因素共同发生作用时，不适宜的湿度可对雏鸡造成很大的伤害。雏鸡舍在一般条件下，相对湿度60% ~65% 为最好。

在家禽生产实践中，育雏前期可能会出现舍内相对湿度不足，其他情况下相对湿度偏高。为降低育雏室湿度，可以从以下几方面考虑：鸡场应建在地势高燥的地方，舍内地面应比舍外高30 厘米左右，并在必要时进行防潮处理，鸡舍应充分干燥后才能使用；减少供水系统的漏水，一定要注意防止饮水器放置不平而漏水，严格控制舍内的洒水量，经常清粪或更换潮湿垫料，或者在地面和垫料中按每平方米加 0.1 千克的过磷酸钙，以吸收舍内和垫料的水分，切忌用生石灰。在空气干燥的季节，可以通过通风换气来改变室内的湿度，但应注意保温。在雏鸡生产中（尤其是采用地下火道供温），提高室内湿度的办法很多，可结合喷雾消毒进行增湿，也可在煤炉上放置水壶和水盆烧开水以产生水蒸气，或通过地面洒水、室内挂湿帘增湿。

三 光照

光照包括光照时间长短与光照强度两个方面。光照强度在养鸡业中通常指鸡舍内的明暗程度，它与光源发光强度、光通量等有关，是被照物体所获得的光通量与光面积之比，也称作照度。照度的单位用勒表示，是指 1 流明的光通量均匀地照射在 1 平方米面积上所产生的照度。鸡舍内的光照强度可通过灯泡瓦数、灯高、灯距粗略计算。一般每平方米用 2.7 瓦的灯泡，可达到10.76 勒的照度。一般灯泡的高度为 2 ~2.4 米，灯泡之间的距离应为灯泡高度的 1.5 倍，多使用 20 ~40 瓦的灯泡。

育雏鸡 3 日龄前应给予时间较长、强度较大的光照，一般为20 ~23 小时、50 勒的光照强度，以便让雏鸡尽早饮水和开食。随着日龄的增长，可减少光照时间和光照强度。

对 4 ~7 日龄的雏鸡，每天照明 20 小时，以后日照明时间每周缩小 1 小时。也有第二周日照明 16 小时、第三周以后为 8 ~10 小时的。4 ~15 日龄光照的强度为 20 勒，以后为 10 ~15 勒。人工光源可用白炽灯或日光灯。

在采用自然光照的情况下，不仅天气情况、窗外树木、窗户的大小和位置、舍内设备、舍内不同区位会影响舍内特定区位的光照强度，而且窗户有无玻璃及玻璃的清洁度也有影响。窗户玻璃较脏时，舍内照度约减弱一半，塑料薄膜的透光效果与较脏的玻璃相似。屋顶开设天窗或设置透光带，将会明显改善鸡舍中部的采光效果。在南侧窗户上涂抹颜料，可以减少舍内靠南侧部位的光照强度。在采用人工光照的情况下，灯泡均匀而交错布置是保证舍内各处光照均匀的前提，尤其是在采用平养方式的鸡舍内。但是，在笼养鸡舍内，上下层的光照强度会存在明显的差异，特别是叠层式鸡笼，各层的光照强度差异会更大，必须多层次安装灯泡，保证下层笼有适宜的照度。

采用人工照明，光源不同所获得的照度也不一样，同样功率的荧光灯所产生的照度是白炽灯的 3 ~4 倍。但是荧光灯投资较大，而且在低温条件下光效率下降。使用白炽伞形灯罩，可通过反光而使照度增长 50%，若灯泡太脏，可能会使照度下降 30% ~50%。所以，每周要擦拭灯泡 1 次。

四 空气质量

鸡舍内由于鸡的呼吸、排泄以及粪便、饲料等有机物的分解，使空气原有成分的比例发生变化，同时增加了氨、硫化氢、甲烷、羟基硫醇等有害气体以及灰尘、微生物和水汽含量。如果这些气体和物质浓度过高，雏鸡易患呼吸道疾病、眼病，且易患通过空气传播的传染病，死亡率增加。

饲养人员可以通过感觉得知舍内空气中有害气体的含量是否超标。如果早晨进入鸡舍感觉臭味大，时间稍长又有刺激眼睛的感觉，表明氨气的浓度和二氧化碳的含量已经超标，在保证温度

的同时，要适当通风。

根据生产实践经验，雏鸡舍要保持良好的空气质量，换气量和气流速度分别为：冬季每千克体重换气量0.7~1米^3/小时，气流速度0.2~2.3米/秒；春、秋季每千克体重换气量1.5~2.5米^3/小时，气流速度0.3~0.4米/秒；夏季每千克体重换气量5米^3/小时，气流速度0.6~0.8米/秒。最好利用良好的通风、换气设备进行机械通风，并与自然通风相结合，使舍内氨气、硫化氢、二氧化碳不超标。可通过感官判定来掌握，以人进入舍内时，无明显臭气，无刺鼻、涩眼之感，不觉胸闷、憋气、呛人为适宜。

要保持良好的空气质量，除合理地安排鸡舍通风外，还应注意及时清粪、保持舍内干燥，定期更换垫料以及减少舍内的粉尘，平衡日粮中添加复合酶制剂，这样可有效降低粪便中营养成分的含量。

五 饲养密度

每平方米面积容纳的鸡只数称为饲养密度。饲养密度对于雏鸡的生长发育有很大影响，育雏期饲养密度过大，鸡的活动范围小，鸡群拥挤，强者采食多，弱者采食少，易导致个体大小不匀，并可诱发多种疾病和啄癖，死亡率增高；饲养密度过小，造成鸡舍和设备的浪费，又不利于保温。

本着提高经济效益的原则，并根据生产实践经验，可根据鸡的日龄、管理方式、通风条件和外界温度来确定适宜的饲养密度。对于地面垫料饲养，可随日龄增大降低饲养密度，一般1周龄时饲养密度为30~40只/米^2，以后每周饲养密度相应减少。到7~8周龄时，饲养密度为10只/米^2。板条或网上平养可比垫料平养密度增加20%左右，立体笼养1~4周时，饲养密度为40~50只/米^2，5~11周时，饲养密度为20~30只/米^2。外界温度高时，饲养密度可相应减少；外界温度低时，饲养密度可相应增加。夏、秋季节与冬、春季节的饲养密度相比，每平方米减少3~5只。重型鸡的饲养密度应低于轻型鸡的饲养密度。弱雏比强雏的体质差，经不起拥挤，除应分群单独饲养外，还应降低饲养密度。通风良好时，饲养密度可以加大，但应保证充足的食槽和饮水器；通风条件差的，饲养密度应低些。在注意饲养密度的同时，还要注意每群鸡的数量不要太多。

六 环境

雏鸡胆小易惊，对外界条件的变化特别敏感，常会由于噪声或陌生人进入鸡舍而惊群，表现为惊叫不安、乱飞乱跳、挤压扎堆。因此，育雏期应保持环境安静，饲养人员要固定，进鸡舍一定要穿工作服。

> 【提示】 育雏期间要进行疫苗接种，专业性比较强。如果自己养殖，则需要由当地畜牧部门的专业技术人员进行疫苗接种指导。

第四节 雏鸡的饲养管理

一 雏鸡的饲养

1. 饮水

幼雏进入育雏室后，先喂给青霉素溶液（40 万单位青霉素加水 200 毫升），随后连续 2 ~ 3 天喂给 0.01% ~ 0.05% 的高锰酸钾溶液，接着再喂以 2% ~ 3% 的大蒜汁水。也可以直接在 1 ~ 2 天喂给 0.02% ~ 0.05% 的高锰酸钾溶液。饮水可用专用饮水器，也可用较深的盘子，中间竖一茶杯，杯中加水，让鸡自由饮用。水中添加 5% ~ 8% 的葡萄糖、蔗糖，以补充能量。另外，可在饮水中加入维生素和电解质，以减轻应激，增强鸡体的抗病力。给雏鸡饮水应注意：一是水温掌握在 18℃ 左右；二是药水应现配现用，用药量务必准确；三是经常刷洗饮水器具。

一般每 100 只雏鸡配 5 ~ 7 个钟形饮水器。若用水槽，每只雏鸡至少应有 1.5 厘米宽的饮水位置。乳头饮水器可按照每 10 ~ 15 只鸡配一个乳头进行配备。立体笼育雏，开始时在笼内饮水，

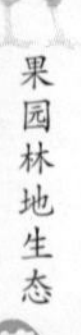

1周后应训练在笼外饮水。平面育雏随日龄增大而调节饮水器的高度。

饮水量随舍温的变化而有很大不同，舍温越高，饮水量越大。如果饮水量突然减少，常是鸡群患病时首先发出的征兆，应及时查清原因，对症治疗。

2. 开食

雏鸡第一次喂料叫开食。开食一般在初饮后2～3小时或出壳36小时左右最好。观察鸡群，当有1/3的个体有寻食、啄食表现时就可以开食。

开食料要新鲜、营养丰富、易消化，颗粒大小要适中，易于啄食。雏鸡开食料可用玉米屑、小米、碎米等，可干喂，亦可水浸泡后饲喂，也可直接用湿的配合饲料开食。开食料可放在料盘、反光性强的厚纸或塑料薄膜上，让鸡自由啄食。饮水器、料槽在舍内应均匀间隔放置，定期清洗消毒，避免细菌滋生。注意饮水系统不能漏水，以免弄湿垫料。

（1）料型 喂养雏鸡比较理想的料型是前两周使用破碎的颗粒料，2周后使用颗粒料或粉料。破碎的颗粒料适口性好，营养全面，可促进鸡只采食，减少饲料浪费，并提高饲料转化率。粉料的饲喂效果不如颗粒料。要防止饲料霉烂、变质、生虫或被污染。

（2）饲喂次数 雏鸡虽采用自由采食的方式，但应本着少给勤添的原则，每隔2～4小时添料一次。7天后逐渐增喂切细碎的青饲料（如小葱、白菜叶等），喂量可占精料的20%。定时喂料的次数：3日龄后日喂5次，10日龄后日喂4次。从2周后开始，料中应加拌1%的沙砾，粒度从小米粒大小逐渐增大到高粱米粒大小。

二 雏鸡的管理

1. 平养雏鸡的管理

平养的主要特点是鸡群大，饲养人员与雏鸡直接接触。管理时要特别注意防止温度偏低、雏鸡打堆和采食不均等。

（1）限制雏鸡的活动范围 为防止幼雏远离热源而受凉，一般在育雏的初期常以热源为中心，在周围加一圈护网或护板。护板（网）高为40~50厘米、长为50~60厘米，成条的串起，可以通过增减护板条数来调整所围面积，在热源周围60~150厘米处围成圈。热源处安装一个灯泡，使雏鸡对热源的灯光建立条件反射，遇冷即向热源靠近。护板（网）随鸡龄的增大而逐渐向外扩展，7~10日龄时即可拆除。饲养管理过程中要确保护板（网）不倒塌，两侧可用砖块加固。

（2）分群饲养 在较大的平面育雏时，一定要用护板（网）隔离成几个圈，每圈养500~1000只为宜，对弱雏应喂给优质饲料。

（3）调温与脱温 为了平衡雏舍内的温度，一定要管好热源，阴雨天可将温度调高些，中午或天气暖和时调低些。一般脱温的适宜时间是在雏鸡4周龄，即当室温已恒定在20℃以上，雏鸡不表现蜷缩畏冷，采食活动正常时进行脱温。

（4）预防球虫病 垫料平养的鸡容易患球虫病，笼养鸡也会发生球虫病。如遇阴雨天或粪便过稀，则应在饲料中加药预防，或在饮水中加入水溶性抗球虫药。如鸡群采食量减少，出现血便，则应立即投药治疗。投药时要注意交叉用药，选用广谱抗球虫药。此外，还要加强管理，严防垫料潮湿，鸡发病期间，每天清除垫料和粪便。要求鸡群全进全出，雏鸡和成年鸡分开饲养，鸡舍要彻底清扫、消毒后才进鸡，保持环境清洁和干燥，并通风良好，注意营养。

（5）防止兽害 舍内所有的窗户都应安上铁丝护网以防止飞鸟进入，堵死老鼠洞并开展有效的灭鼠工作，以免对雏鸡造成骚乱和伤害。

（6）防止异常声响 饲养操作要轻巧，在鸡舍内不能大声说话。严防机动车辆靠近鸡舍。

（7）运动和休息 雏鸡如有适当运动，可健身强骨，增进代谢机能，加快消化吸收。如果是小规模饲养，每天应放雏鸡到户外活动和晒太阳，上午、下午各1次，每次15~20分钟，并随日龄增长而逐渐延长活动时间。每天应让雏鸡休息2~3次，每次30~40分钟，方法是喂料后把窗户遮暗，让鸡舍保持安静，这样有利于雏鸡对营养物质的消化与吸收。

2. 笼养雏鸡的管理

笼养雏鸡不接触地面，饲养密度较大，活动范围较小，可从以下几个方面加强管理。

（1）检查育雏笼 在育雏之前进行，查看底网是否破漏，笼门是否严实，水槽、料槽是否配齐，粪盘是否放好等。

（2）上笼 雏鸡到育雏舍后要尽快入笼。开始时，可将四层笼的雏鸡集中放在温度较高又便于观察的上面的一层、二层。上笼时先放入健雏，弱雏另笼饲养。上笼之前，在笼内备好水，饮水3小时后，在笼内放好食料，3天后在笼门外加挂料槽，并加满饲料，让笼内雏鸡容易看见。待一周左右，绝大部分鸡只转向笼外吃食后，撤除笼内开食器具。

（3）分雏 一般在10日龄左右进行，结合预防免疫，将原来集中养在上面两层的幼雏分散到下边两笼去。一般是将弱小的鸡留在原笼内，较大、较壮的移到下层笼内。

（4）及时除粪 雏鸡的粪便自然掉在底网下的承粪盘内，要及时除粪，以免粪便堆积至底网不利防病、通风。除粪时还可检查粪便情况，做出及时处理。

（5）调整食槽 随着雏鸡长大，每隔5~10天，应根据育雏笼笼门的采食空档调整采食幅面和饲槽高度，使雏鸡能方便地伸颈采食，又不至于钻出笼外。

（6）捉回跑出鸡笼的雏鸡 由于雏鸡发育不整齐、分雏或其他原因，难免有些雏鸡跑出鸡笼，给卫生和管理带来不便，这些雏鸡也容易受寒和发病，应及时捉回笼内。可利用鸡的趋光性和合群性，在夜间开灯撒料，待鸡聚于灯下采食时进行捕捉。

3. 雏鸡的综合管理工作

无论平养还是笼养，除了给予雏鸡适宜的环境条件外，育雏阶段还要做好以下几个方面的工作。

（1）断喙 最好在雏鸡 7 ~ 10 日龄时进行。术前停食 1 ~ 2 小时，可用电动切喙器，也可用其他利刃代替，将上喙、下喙分别切除 1/2 和 1/3。切喙时注意防止出血。

（2）细心护理 经常观察雏鸡活动、饮食和排粪情况，以便及时发现病雏或其他情况，采取相应措施。

（3）定期称重 通过称重，可以了解雏鸡的生长发育情况。一般每两周称一次，每次在喂料前的早晨随机抽样 50 只称重，将每次称测的平均数与相应鸡品种标准体重对照。如体重差别很大，说明饲养管理有问题，应及时纠正。

（4）疫苗接种 按防疫规程做好马立克氏病（1 日龄时颈部皮下注射马立克氏病弱毒疫苗）、传染性法氏囊病（7 日龄时用鸡传染性法氏囊病冻干弱毒疫苗免疫）、鸡新城疫（14 日龄时用鸡新城疫Ⅱ系疫苗滴鼻）等的免疫接种，及时做好鸡球虫病、鸡白痢病的预防工作（100 千克饲料中加 5 克痢菌净和 3 克氯胍混合）。具体的免疫程序见附录 A。

（5）营养全面 农村养鸡一般只选择自产的玉米、小麦、稻谷等来喂养雏鸡，缺乏动物性蛋白质和矿物质，不能满足雏鸡的营养需要，使雏鸡生长缓慢，甚至造成营养缺乏症。因此，应根据雏鸡的营养需要及当地的饲料来源，因地制宜地配制出营养全面的日粮，切勿使用种类单调、营养不全的饲料喂雏鸡。

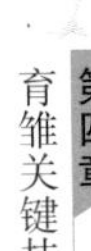

（6）定期消毒 农村培育雏鸡由于不注意日常用具的消毒、不及时进行疫病预防、鸡舍卫生条件差等原因，常导致培育雏鸡失败。要搞好疫病预防工作，除了执行科学的免疫程序以外，还应切实抓好平时的卫生消毒工作。育雏前，将日常用具清洗消毒，放在太阳下晒干备用。可通过用生石灰水刷墙和地面对鸡舍进行消毒但用甲醛熏蒸法较全面彻底。做法是按每立方米体积用福尔马林 14 毫升，混入 7 克高锰酸钾，密封 12 小时，然后打开

门窗，待甲醛（福尔马林）蒸气放完后关上门窗备用。进雏以后定期将鸡舍、日常用具进行消毒。

【注意】 雏鸡的饲养管理是养鸡成功的关键环节，要按照雏鸡生长需要严格控制温度、湿度、光照、通风，更要注意饲料的质量、饲喂次数和疫苗的使用时间。

第五章
果园林地生态养鸡模式与饲养技术

第一节　林地生态养鸡模式与饲养技术

一　林地围网养鸡模式

随着退耕还林政策的深入落实，广大丘陵地区的生态环境得到了明显的改善，林地面积大大增加。为了进一步利用这得天独厚的优势，增加失地农民的收入，发展林下养鸡模式是一个有效的措施。林下养鸡是利用林地作为鸡的运动场来进行散养优质鸡的一种模式（彩图6、彩图7、图5-1）。这种模式有利于提高鸡的抗病力及肉质风味，还可以增加土壤肥力，促进树木生长。以下是林地围网养鸡的成功例子。

四川省南充市为了利用林地增加农民收入，成立了若干个养鸡合作社。在这些养鸡合作社中，有的主要养土鸡、有的主要养野鸡，也有养贵妃鸡、孔雀等珍禽的。在探索种、养结合发展立体高效农业之路时，建立了林、草、禽立体绿色农业生产示范基地，进行了林草间作围网养鸡模式的示范研究，并取得了可喜的经济效益和生态效益。以下是散养土鸡的饲养方式。

图 5-1　林地围网养鸡

1. 养殖场地

养殖场地主要是退耕还林的林地。养鸡设施：选用辐宽为2米的钢纱网，将林带四周围上，在上、中、下部用3根铁丝与树木固定，网下部埋入土中10厘米。靠林网北面建设向阳避雨棚，并安装足够的饮水器。

2. 牧草的种植

划一块固定的林地作为种草专用地，进行浅耕，耙匀耙平，浇水塌墒。牧草品种选择黑麦草等，第二年可以收割，牧草粉碎拌料用于作为鸡的青绿饲料。

3. 鸡的放养

选用当地土鸡，集中育雏30天，在牧草长到50厘米高，外界温度稳定在20℃以上，收割牧草添加到放养鸡的饲料中。散养土鸡自由采食，一般以吃草、吃虫为主，投放小杂粮为辅。林间喂养3个月后，鸡体重达1.5千克左右即上市销售。

4. 疫病防治

用新城疫Ⅳ系疫苗分别在7日龄、20日龄、50日龄各免疫1次，用鸡传染性法氏囊疫苗分别在10日龄、21日龄各免疫1次。

5. 效益分析

（1）养鸡成本 土鸡苗每只 2 元，每亩可放养 700 只左右，鸡苗投入 1400 元。防治费用每只 1 元，投入 700 元。饲料费：育雏 30 天，饲料 450 千克，投入 1800 元。放养期间，投入小杂粮（玉米粒、高粱等）和杂草 4000 千克，按每千克 2.2 元计，投入 8800 元。水电煤费平均每只 1 元。人工平均每只 2 元，合计 14800 元。种草投入 500 元。养鸡设施材料投入详见表 5-1。

表 5-1 养鸡费用预算

材料名称	数量	单价/元	合计/元	利用年期/年	年均费用/元
围网	169 米	8	1352	2	676
饮水器等	25 套	5	125	5	25
避雨棚	207 $米^2$	50	10350	5	2070
合计			11827		2771

（2）养鸡收入 共投放土鸡 700 只，上市出售活鸡 600 只（育成率为 86%）。平均每只鸡的体重为 1.5 千克，按市场价每千克 22 元计算，每只活鸡售价 33 元，总收入达 19800 元。

（3）效益分析 每亩林地半年种草围网养鸡，总收入 19800 元，总投入 18071 元，直接经济效益 1729 元，每亩每年可以净赚 3458 元。

二 在野外建简易大棚舍养鸡模式

1. 在野外建简易大棚舍养鸡的好处

（1）投资少，收效快，经济效益显著 在野外建简易大棚舍养鸡，使用的材料多是本地生产的竹、木、稻草或油毡纸，价格便宜，投资少。建一幢长 20 ~ 40 米、宽 6 米、高 2.8 ~ 3.1 米，面积为 120 ~ 240 $米^2$ 的棚舍，只需投资 0.8 万 ~ 1.6 万元，可比砖瓦结构的鸡舍节省 10 多万元费用。而且一年四季可以饲养。按每幢鸡舍每批饲养肉鸡 1500 ~ 2000 只，每只肉鸡盈利 3.5 元计，出栏 1 ~ 2 批肉鸡便可收回成本。

（2）鸡粪可以肥地，有利于林业、果业的发展 每亩（1亩=667米^2）果园或林地，年平均养鸡500只，饲养114天，可产鸡粪2850千克，相当于27千克尿素、189.92千克的过磷酸钙、37.85千克的氯化钾所含的养分。施用鸡粪的果园，产果量比用无机肥施肥的增产15%，且果质甜脆，不含酸味，因此，很受果农的欢迎。

（3）可以减少疾病的发生和传播 野外山坡、林地、果园的地势高，空气清新，阳光充足，便于场地灭菌消毒，鸡群实行全进全出，可减少疫病的发生和传播。

（4）可以防止传染病的交叉感染，便于扑灭疫情 一个山坡、一块林地、一个果园建棚舍2~3幢，互相间保持一定的距离，可以防止疫病交叉感染和及时扑灭疫病，对防病、灭病有利。

（5）对提高三黄鸡的“三黄”及肉质、肉味有利 野外山坡、林地、果园有广阔的运动场，阳光充足，空气清新。白天鸡群可以觅食青草、草籽及昆虫，有利于提高三黄鸡的“三黄”和肌肉的结实程度，对肉质、肉味均有好处。

（6）野外大棚舍一年四季均可以养鸡，对发展养鸡有利 经多年的饲养实践证明，不论春夏秋冬，野外的大棚舍均可以养鸡。一幢一批可养鸡1500~2000只，一年可养2~3批，适合全进全出、多批次饲养的需要。

（7）减少对周围环境的污染 把鸡搬到野外饲养后，一是减少了鸡群所拉粪便对环境的污染，二是减少鸡群噪声的污染。

2. 野外建大棚舍养鸡的技术要点

（1）大棚舍地址的选择 选择产权明确、有林木遮阴、交通相对方便、离水源较近的山坡、林地、果园建大棚舍。棚舍地势高燥通风，每个山坡或每片林地、果园可建2~3幢鸡舍。

（2）大棚舍的建设要求

① 大棚舍的坐向最好为坐北朝南，或偏向东南。

② 选择坡度不大于20°的干燥地带，开辟一块长20~42米、宽7~8米的平地。

③ 筹足所需的竹、木、稻草和油毡纸等建材材料。

④ 以 1 个劳动力饲养管理肉鸡 1500 ~ 2000 只来设计，这样既便于管理，也可以提高规模经济效益，所以一般多以长 20 米、宽 60 米、高 2.8 ~ 3 米的规格建造。

（3）大棚舍的建造 大棚舍可用直径为 10 ~ 12 厘米的木条或竹条做立柱，柱间距离为 4 米，柱洞深为 1.2 ~ 1.5 米，用土填实。四周可用竹、木条，稻草或油毡纸围住。在距地面高 60 ~ 80 厘米处横搭木条，以便铺放垫板。垫板可用细竹、木条钉成块，每块宽为 1.5 米、长为 2 米、条间距离为 2 ~ 3 厘米。大棚舍顶可用稻草或油毡纸遮盖。大棚舍内可根据需要开对流窗若干个、门 2 ~ 3个，以便通风换气和人鸡出入。

（4）大棚舍与场地消毒 大棚舍建好后，可用 1∶300 倍稀释的农福进行消毒。消毒 1 ~ 2 天后可进鸡饲养。

（5）饲养对象 野外的大棚舍既可以饲养脱温后的雏鸡，也可以饲养刚出壳的雏鸡。饲养刚出壳的雏鸡，可在棚舍内铺设地下火炕管道，也可以用红外线灯保温。为了提高保温性能，在育雏开始时，在大棚舍内加盖塑料薄膜，待雏鸡长大后，再把塑料薄膜撤去。进棚的鸡群，最好公母分群，以便于管理和出栏。每个棚舍以 1500 ~ 2000 只为宜。

（6）管理方法

① 根据鸡的不同日龄，每天定时、定点喂料 3 ~ 5 次，供应充足的清洁饮水。

② 按免疫程序对不同日龄的鸡群进行免疫接种。

③ 用生物围圈或用尼龙网限定鸡的活动场地，不让鸡漫山遍野乱跑。

④ 晴天可全天放牧，阴雨天不能放牧。

⑤ 喂鸡时注意观察鸡群的采食和活动情况。关鸡时要抽查鸡的嗉囊是否有饲料，放鸡时抽查是否已消化完。发现病鸡，应立即隔离治疗。

⑥ 雏鸡饲养 110 ~ 120 天已达到出栏体重，应及时出栏。

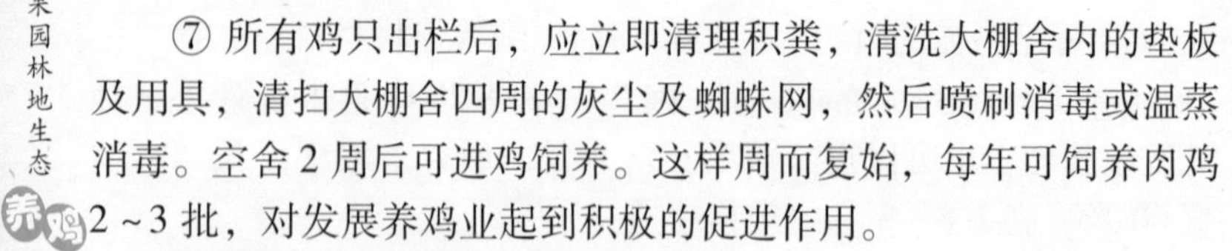

⑦ 所有鸡只出栏后，应立即清理积粪，清洗大棚舍内的垫板及用具，清扫大棚舍四周的灰尘及蜘蛛网，然后喷刷消毒或温蒸消毒。空舍 2 周后可进鸡饲养。这样周而复始，每年可饲养肉鸡 2 ~ 3 批，对发展养鸡业起到积极的促进作用。

三 林下和灌丛草地养鸡模式

在林下和灌丛草地养鸡，是利用林下和灌草丛来养优质肉鸡的模式（彩图 8、图 5-2）。这种模式与林下围网养鸡最大的区别就是鸡可以在灌草丛中自由采食，鸡的抗病力更强，肉质更加细嫩鲜美，而且可以节约饲料、免去种植牧草的环节。林下和灌丛草地养鸡要想成功，必须抓住下面几个关键环节：

图 5-2 林下和灌丛草地养鸡

1. 对养鸡农户的要求较高

养鸡农户必须具备以下条件：一是具备贷款偿还意识，只有这样才有利于资金的正常周转；二是必须具备饲料基础或经济基础，有利于开展正常养鸡；三是必须具备初中以上文化程度，便于强化技术培训及管理。

2. 林下和灌丛草地选点饲养是节约饲料成本的关键

林下、灌丛草地饲养主要是利用地面的松籽、草籽、牧草、虫子等天然食物，让鸡自行觅食，降低饲料成本，增加效益。其饲养方式、选点非常重要，要有意识地选择天然食物丰富和优质豆科牧草场地。据长顺县推广的草坡、林下养鸡的数据表明，每亩草地适宜放养育成的商品鸡为25～35只，密度越低（或采取游牧式饲养）则效益越高。一般投料量只需按鸡需要量的60%～70%即可，喂至6～7成饱，剩余3～4成让其自由觅食。通过此方式喂养的鸡，不仅提高了收入，降低了成本，而且充分利用天然资源，为社会提供无公害天然绿色食品。

3. 建立以“公司＋基地＋农户”的生产发展模式是正常运作的保证

长顺县在采取“公司＋基地＋农户”链条式发展生产模式的同时，以公司为龙头，牵动基地订单生产，带动农户发展规模饲养。由公司出资，给基地下订单，规定生产规格标准为0.3～0.5千克的脱温鸡苗。基地在公司技监人员的监督下，负责本地青凤土鸡的孵化、育雏、脱温工作，并按技术操作规程严格搞好各种免疫接种，按公司要求育雏脱温期不少于30天，且最后10天要放于自然环境下饲养。根据公司提供给农户30～45日龄的饲料配方标准，基地在最后10天按此标准饲喂。达到标准的脱温鸡由公司组织按以物放贷的方式发给农户，进行荒山、草坡、林下饲养。在整个运作过程中，基地主要靠育雏获利。育雏结束后，公司把鸡发放给农户，农户饲养3个月即可出售，4个月后偿还贷款。

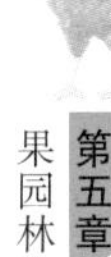

（1）精心饲养 进雏后，应先开水后开食。雏鸡运输路程短的，在饮水中加入浓度为1毫克/升的高锰酸钾，路程远或气温高时，应在饮水中加入1%的口服补液盐，以补充体内电解质和能量。饮水后尽早开食，雏鸡开食料应选择营养价值高、易消化的全价雏鸡饲料（小米粒、玉米屑、大米屑亦可），做到少喂多餐，1～10日龄的每天喂8～10次，10日龄后每天喂5～6次。

（2）参照肉鸡营养需要标准，科学配制饲料 1～7日龄选用雏鸡饲料，7～20日龄选用小鸡料。20日龄以后可以自己配料，营养水平为：代谢能12.5兆焦/千克，粗蛋白质19%，钙

0.9%，磷0.65%。如配制饲料的技术不过关，会造成饲料中维生素、微量元素混合不匀，钙、磷比例失调。所以，养鸡户自己配制饲料时，一定要注意配合均匀。

4. 科学管理

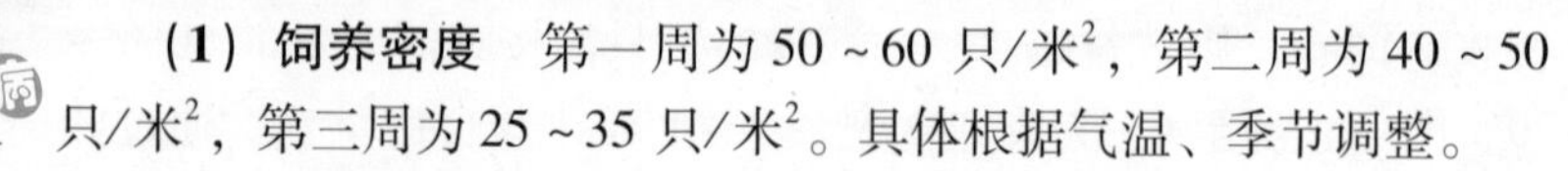

（1）饲养密度 第一周为50～60只/米^2，第二周为40～50只/米^2，第三周为25～35只/米^2。具体根据气温、季节调整。

（2）分群饲养 雏鸡必须按不同日龄、强弱、大小、公母分群饲养，尤其是公母分群特别重要。

（3）断喙 雏鸡在15日龄左右就必须进行断喙，可有效防止啄癖。

（4）鸡舍温度 第一周为30～32℃，以后每周降2～3℃，夏、秋季节育雏3～4周就可脱温，冬、春季节育雏4～5周就可脱温。

（5）光照 采用23小时光照、1小时黑暗，以促进雏鸡多采食，适宜的光照强度为：1～5日龄为2.5～3瓦/米^2，5～15日龄为1～1.5瓦/米^2。光照强度过强会引起雏鸡神经质，表现不安、易惊而影响增重。此外，舍内灯光采用红光加蓝光，可减少啄癖。在遮暗的鸡舍里，罩上蓝色灯罩，鸡则安静不动，便于进行选择、抓鸡和预防接种，省时、省力、减少鸡群应激。

（6）通风换气 室内二氧化碳、硫化氢、氨等气体浓度过高，都不利于雏鸡健康，室内氨气浓度应在20毫克/千克以下，尤其是冬天，保温的同时应注意通风换气，否则易导致大肠杆菌病、呼吸道疾病等。

5. 防疫灭病

必须始终坚持“预防为主、防重于治”的原则，加强防疫灭病措施。对饲料槽、饮水槽进行定期消毒，按所规定的免疫程序及时进行疫苗接种。对于常发病，应在饲料或饮水中按规定疗程加入药物进行预防；搞好鸡舍卫生，舍内垫料要及时铺垫或更换，雨天不让鸡外出活动，以防感冒受凉；树木喷农药期间也不应让鸡外出活动觅食，以防中毒；养鸡场所谢绝外人参观。

四 山地放牧养鸡模式

近几年来，由于市场需求的变化，消费者越来越注重畜产品的品质和安全性。一些养鸡户利用空闲山地放养本地鸡，销往大中城市，其效益较为可观（彩图9）。与其他养鸡方式相比，山地放养土鸡具有明显的优势：一是投资少、成本低。由于放归山林，土鸡以野食（虫、草）为主，因此大大减少饲料的投入。二是土鸡食料杂、肉质细嫩、野味浓郁、肉质鲜美，活鸡市场售价高达36～48元/千克。三是土鸡抗逆性强，适应性好。四是山地放养方法容易掌握，风险小。五是省工省时，1人可放养1500～2000只。现将土鸡的山地放养方法介绍如下：

1. 山地选择

选择远离住宅区、工矿区和主干道路，环境僻静、安宁的山地。最好是果园及灌木林、荆棘林、阔叶林等，其坡度不宜过大，最好是丘陵山地。土质以沙壤土为佳，若是黏质土壤，在放养区应设立2～3个沙地。附近应有小溪、池塘等清洁水源。要考虑到鸡群对农作物生长、收获的影响。

2. 基本设施及设备用具

（1）简易棚舍 在放养区找一背风向阳的平地，用油毡、帆布、茅草等借势搭成坐北朝南的简易鸡舍，可直接搭成“金字塔”形，南边敞门，另三边着地，也可四周砌墙，其方法不拘一格。要求随鸡龄增长及所需面积的增加灵活扩展，棚舍能保温、能挡风，不漏雨、不积水即可。

（2）必需设备 饮水器、煤炉或红外线灯等并备1只口哨。

3. 具体方法

（1）育雏 雏鸡3～4周龄前与普通育雏一样，先选择一处保暖性能较好的房间进行人工育雏，脱温后再转移到山上放养。若放养区本来就有保暖房间，也可直接在山地育雏，无须转群。

（2）放养训导 为尽早使土鸡养成上山觅食的习惯，从3～4周龄脱温开始，每天早晨进行上山引导训练，一般要两个人配合，一人在前边吹哨开道并抛撒饲料（最好是颗粒饲料，并避开浓密草丛），让鸡跟随哄抢；另一人在后用竹竿驱赶，直到鸡全部上山。为强化效果，每天中午可以在山上吹哨并进食1次。饲养员应及时赶走提前归舍的鸡，同时，还要控制鸡群的活动范围。到了傍晚，再用同样的方法进行归舍训练。如此反复训练5~7天，鸡群就建立起“吹哨—采食”的条件反射。以后若再次吹哨召唤，鸡群便随即跟来。

（3）放养管理 初训2~3天，由于受到转群、脱温等影响，可以在饲料或饮水中加入一定量的复合维生素等以防应激。训练期的抛食应遵循“早宜少、晚适量”的原则，放养初期，考虑结合小鸡觅食能力差的特点，酌情加料。一般到6周龄左右，即可少量象征性地抛喂早食，而晚食需根据当天采食状况适量添加，如遇刮风下雨，晚食应加量。棚舍附近应设若干个饮水器作为饮水补充。坚持定人、定时、定点饲喂，并做到吹哨与抛食同时进行，中途不得间断或更改。预防黄鼠狼、山狐狸、鹰、蛇等天敌的侵袭。坚持鸡棚每天除粪、清扫1次，搞好日常卫生消毒工作。及时发现行动落伍、独处一隅、精神萎靡的病弱鸡，并及时隔离观察和治疗。

4. 注意事项

放养的适宜季节为晚春到中秋，其他时间由于气温低，草虫减少，应停止放养。小鸡脱温的时间需根据当地具体气候条件决定。放养规模以每群1500~2000只为宜，规模太大不便管理、规模太小则效益低，放养密度以每亩山地200只左右为宜。采用“全进全出”制。为降低成本，应尽量自配饲料或充分利用农副产品下脚料。按免疫程序做好鸡新城疫、马立克氏病、法氏囊病等重要传染病的预防接种。为抓好放养季节，一般体重达1.25千克、85日龄左右时应及时上市出售，出售前3~4周预先购进下一批鸡苗。笔者经常深入基层农村，亲身的实践表明，采用上述方法，1年可放养3000~4000只土鸡，1只鸡除去饲料等成本外，可净赚8~10元，年收入可达2万~4万元。山地放养土鸡，既是农村山区的一个高效益的致富项目，又填补了市场空当，满足了人们物质生活的需要，值得推广。

五 农村庭院适度规模养鸡模式

目前，肉鲜味美的农村散养优质肉鸡深受广大消费者的青睐，养优质肉鸡已成为养鸡业的新热点。利用农村优越的自然环境（庭院和果园）、过剩的粗杂粮，改造闲置房舍，采用半开放式饲养，因地制宜地发展适度规模养鸡正顺应了人们这一消费转变。农村庭院小规模养鸡（图5-3）具有投资少（可申请政府小额扶贫贷款）、效益高、易操作、周转快的特点，规模在100～300只/批，仅需资金2000元左右，全年可获得2～3倍投资的效益，这一养殖技术值得在广大农村推广。在此介绍贵阳市花溪区、黔东南州三穗县等地的农户对庭院适度规模养鸡的技术要点：

图5-3 庭院养鸡

1. 品种选择

针对市场消费热点和庭院养殖的特点，较适宜的品种有：岭南黄，紫凤A、B、C，麻花鸡，芦花鸡，以及杂交乌骨鸡等。以毛色为红、黑毛，黑脚为佳。也可选择本地的土杂鸡。

2. 全封闭的育雏管理

以笼养、网养等全封闭式育雏，参照专业化规模温室育雏的方法。因养鸡数量少，可将房舍分隔为小间（利于升温，节能降耗），以40～60只/米^{2}计划养殖面积；充分利用空间，可分笼养，也可用塑料网架；有的农户自制保温箱（用红外灯等加温），无条件的农户可购买脱温鸡，这样可提高鸡的存活率。育雏时要注意温度、湿度、通风等条件。

（1）温度 育雏期间对温度控制要求特别严格：前3天为30～33℃，4～7天为29～30℃，2～3周龄为27～29℃，4周龄可过渡到自然环境温度（冬季则一直保持为20℃的温度）。供温设施可因地制宜选用燃煤回风炉、地灶、红外灯及电热垫设备等升温、保温（注意不能漏烟，以免一氧化碳中毒）。

（2）通风换气 要尽量保持空气新鲜，无刺鼻、熏眼的氨味。育雏期间每天要通风换气1～3次，达到换气目的为主，同时应防贼风。

（3）饲养密度 2周龄内为50～60只/米^2，脱温后为30只/米^{2}左右。

（4）光照 用白炽灯，高度1.8～2米，光照强度在育雏阶段为2～3瓦/米^2，3周以后为0.5～1瓦/米^2，照明可多设几个位置，使光照尽量均匀。1～3日龄内保持全天光照，3～7日龄光照时间为23小时/天，以后逐步延长关灯时间。最后达到每天光照时间为17～18小时。

（5）饮水采食 用温开水添加50%的葡萄糖给雏鸡饮水，连用2～3天。若有轻微脱水现象（如脚干）则加入少量补液盐，同时加“速补14”等多维抗应激药饮水，改善鸡只体质。饮水1～2小时后，用优质小鸡料撒在料盘上开食，每天给料6次左右，少吃多餐，到2周龄后自由采食。供水及供料设备可买专用的饮水器、料桶或自制水盘、水槽、料槽（如用竹筒或木板钉制），每100只雏鸡需2升容量的饮水器2～3个，水槽按每只鸡占位2厘米配制；每100只鸡配2～3个料桶，中大鸡占位 6 ~ 10 厘米。

3. 笼（网）养与散放结合养殖

（1）场地选择 选择安静、外来人员流动少，通风换气方便，保温性能良好的空置房舍。地面平养，每平方米面积可载大鸡 10 只左右，用木屑、稻草节等作为垫料；笼养、网养［用木料和塑料（1 厘米 ×1 厘米的网目）自制］，注意搭支架时要保证鸡只自由进出鸡舍休息和活动，可充分利用空间，又利于防疫卫生管理；养殖户可根据饲养规模选择室外活动场，可选用面积在 100 米^2 以上的庭院空地（果园可利用树木遮阴），清除杂物及污物，清理封闭排水沟。用尼龙网或竹篱笆等围好边界（注意活动场上不能有较高的支架或树枝，免得鸡只飞上飞下，不利于管理），并在屋檐下设置沙坑，让鸡只洗浴。

（2）饲养管理 仔鸡脱温以后，可开始精喂散放，这是改善肉鸡质量的关键。精喂是指选择营养全面、适口性好、易于消化的全价颗粒料，适当搭配其他饲料（如玉米、小麦及青菜等）或采用鸡浓缩料按比例均匀混合。散放是指增加鸡群的户外活动，白天可自由在室内、室外活动、休息、采食。在天气好时，可将鸡只放出到室外活动、喂料，并让其自由采食野生杂草、昆虫和沙石等。通过精喂散放（至少 20 天时间）可使鸡的肉质、外观得到充分的改善，肉质上与土鸡的风味相接近，其毛色光亮、公鸡冠大而红润，提高鸡外观上的“卖相”，同时充分利用了农村过剩杂粮，在一定程度上降低了成本。育雏期可选用全价肉小鸡料，脱温后逐渐过渡到浓缩料与杂粮混合。条件好的农户可选用全价配合料，按鸡的体重逐渐适当添加小麦、玉米、稻谷（8∶1 或 8∶2），在活动的场地上种植一些蔬菜或高蛋白饲草（如现在推广的鲁梅克斯草等）。

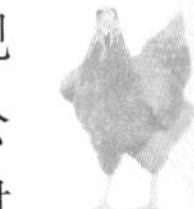

4. 严格的消毒和免疫

做好鸡的免疫接种和消毒防疫工作，防止传染病的发生和传播，这是规模养鸡成败的关键。目前贵州农村易发的鸡传染病主要有鸡瘟、白痢病、传染性支气管炎及球虫病等。可根据肉鸡的免疫程序来参照进行：1日龄接种马立克氏病疫苗；1～5日龄诺氟沙星饮水；6～7日龄鸡新城疫Ⅱ系苗、传染性支气管炎 H_{120}；随时观察其粪便的颜色，防治球虫病的发生，因球虫的耐药性很强，每批鸡所用的抗球虫药不能相同（一种药要相隔2～3批）；21～24日龄接种鸡新城疫Ⅰ系苗。同时，在饮水和饲料中加入一些药物可预防疾病的发生，如雏鸡4～7日龄时在料中拌入0.01%的土霉素或饮用0.3%的大蒜水等抗菌保健药。相隔10天后重复饲喂。在日常管理中，鸡舍及活动场每天要清扫干净，鸡粪应作发酵处理，病死鸡应深埋或高温处理，不能乱堆乱放。鸡舍及活动场要定期消毒，用石灰乳（10%～20%）或漂白粉（10%～20%）喷洒消毒。鸡舍及活动场的进出口要设置消毒措施。

5. 全进全出制

实行“全进全出”是规模养鸡成败的关键。这样可杜绝鸡群交叉感染，避免发生大规模的死亡。抓鸡时应在弱光下进行，可减少鸡的惊飞，避免损伤鸡的羽毛、破坏鸡的卖相。每批鸡进场前，应对鸡舍、活动场及器具进行彻底消毒，消毒药可选用对人禽毒性小、无残留的广谱高效药物，如农福、百毒杀等。必要时进行熏蒸消毒，按高锰酸钾14克/米^3、福尔马林28毫升/米^{3}用药。进鸡前48～72小时应开窗通风换气。

第二节 果园生态养鸡模式与饲养技术

果园养鸡是把鸡舍建在果园里，鸡在果园内进行舍饲与放养相结合的一种饲养模式，一般以抗逆性较强的土鸡为宜。雏鸡一般在鸡舍内育雏、饲养，待脱温后至出栏的大部分时间在果园内放养，白天采食草、虫、沙砾等，夜间回鸡舍歇息。所以，果园养鸡能降低饲养成本，提高鸡的肉质和活鸡的销售价格，从而提高经济效益。

一 果园放养土鸡的优点与技术要点

1. 果园养土鸡的优点

（1）提高鸡肉品质和经济效益 利用果园放养土鸡，由于环境优越，养殖时间2.5～3个月，故其肉质好，味道鲜美，颇受消费者欢迎。

（2）扩大养殖场所 利用果园养鸡，解决了室内养殖场地紧张的问题，扩大了饲养量。

（3）降低饲养成本 放养鸡可在园中觅食与捕捉到昆虫，在土壤中寻觅到自身所需的矿物质元素和其他一些营养物质，提高了自身的抗病性，大大降低了饲料添加剂成本、防病成本和劳动强度。据市场调查，果园放养鸡的价格比室内饲养鸡每千克高1～2元。

（4）除草、灭虫 鸡在果园寻觅食物及活动过程中，可挖出草根，踩死杂草，捕捉昆虫，从而达到除草、灭虫的作用。

（5）提高水果品质 鸡粪是很好的有机肥料，果园养鸡可减少化肥的施用量，提高水果的品质。

（6）减少环境污染 以往批量养鸡基本上是利用村庄里的房屋，鸡粪的臭气及有害物的散发，严重污染了村庄空气。利用果园养鸡则减少了环境污染。

2. 果园养土鸡的技术要点

（1）场地选择 选择地势高燥、水源充足、排水方便、环境幽静、树势中等、沙质土壤的果园。

（2）鸡舍建设 用竹木框架、油毛毡、石棉瓦或尼龙布作顶棚，棚高2.5米左右，用尼龙网圈围，冬天改用尼龙布保暖。鸡舍大小根据饲养量多少而定，一般每平方米饲养20～25只。

（3）品种选择 选择抗逆性强的优良地方品种鸡，如固始鸡、三黄鸡、四川山地鸡、麻鸡等。不宜选用AA鸡、艾维茵等快大型白羽鸡。

（4）放养时间及放养密度 一般苗鸡在舍内饲养20天左右，即可选择晴天放养。最初几天，每天放2～4小时，以后逐步延长时间；初进园时要用尼龙网限制在小范围内，以后逐步扩大。如果条件许可，最好用丝网围栏分区轮放，放 1 周换 1 个小区。一般每亩果园放养 150～200 只。

（5）饲养管理 雏鸡阶段使用质量较好的全价饲料，自由采食，以后逐渐过渡到大鸡料，并减少饲喂数量。一般放养第一周，早、中、晚各喂 1 次，第二周开始早晚各喂 1 次。对品质较好的土鸡，5 周龄后可逐步换为谷物杂粮。

（6）疾病及灾害防治

1）防疫。苗鸡在室内保温阶段 7～15 日龄内要进行第一次鸡新城疫、法氏囊病及其他病免疫接种；1～2 月龄进行第二次鸡新城疫免疫；2 月龄时接种一次传染性支气管炎疫苗。在养鸡多年的鸡场，还应进行一次鸡痘疫苗免疫。接种疫苗后，可在饲料中和饮水中添加维生素 C、氨基酸葡萄糖口服液等增强免疫效果。同时应注意禽霍乱、大肠杆菌病、鸡白痢、球虫病等病的预防工作。发现疫病应及时采取防治措施，病鸡及时隔离治疗。无治疗价值的病鸡、死鸡及时深埋，对场地、用具和物品进行全面消毒。

2）每批鸡出售后，鸡舍用 2%～3% 的氢氧化钠溶液进行地面消毒，用塑料薄膜密封鸡舍，用福尔马林等进行熏蒸消毒。果园翻土，撒施生石灰。

3）果园放养 1～2 年后要更换另一果园，让果园自然净化两年以上，消毒后再养鸡。

4）严防农药中毒。果园治虫防病要选用高效低毒农药，用药后要间隔 5 天以上才可放鸡到果园中。并注意备好解毒药品，以防中毒。

5）防止外逃和野兽入侵。因果园是开放式的，做好防范工作十分重要。果园四周用铁丝网、尼龙网或竹栅圈围，防止鸡外逃和野兽入侵。要及时收听当地天气预报，暴风雨、雪来临前要做好鸡舍的防风、防雨、防漏、防寒工作，及时检查果园，寻找天气突然变化而未归的鸡，以减少损失。果园放养土鸡模式见彩图 10。

二 提高果园养鸡成活率的措施

果园养鸡在饲养管理和疾病防治上与一般的舍饲方式有较大的不同之处，为提高果园养鸡成活率，应采取以下措施。

（1）选好种源 果园养鸡的品种以抗逆性强（适应性强）的土鸡为宜，不适宜饲养艾维茵等快大型鸡种；鸡苗选择健康活泼并已接种马立克氏病疫苗的雏鸡。

（2）严防中毒 果园喷过杀虫药或施用过化肥后需停止7天以上才可放养，雨天可停5天左右。果园附近不要有农药污染的水源，以防鸡中毒。放养时把鸡赶到安全的地方，以免鸡采食喷过杀虫药的果叶和被污染的青草发生中毒。最好用尼龙网或竹篱笆圈定放养范围，以防鸡只到处乱窜。果园养鸡应常备解磷定、阿托品等解毒药物，以防万一。

（3）避免应激 雏鸡购入后应先在鸡舍内按常规育雏，待脱温后再转移到果园里放养。开始放养时，时间宜短、路程宜近，以后慢慢延长时间和路程。放养的最初几天，由于转群、脱温等影响，可在饲料或饮水中加一定量的维生素C或复合维生素等，以防应激。

（4）严防兽害 野外养鸡要特别预防鼠、黄鼠狼、野狗、獾、狐狸、鹰、蛇等天敌的侵袭。鸡舍不能过分简陋，应及时堵塞墙体上的大小洞口，鸡舍门窗用铁丝网或尼龙网拦好。同时要加强值班和巡查，谨防盗窃和兽类的侵袭。

（5）注重防疫 果园养鸡同时要注重防疫，按免疫程序做好鸡马立克氏病、鸡新城疫、法式囊病等重要传染病的预防接种。同时还要注重驱虫，制定合理的驱虫程序，及时驱杀体内外寄生虫。果园若要施用有机肥，特别是使用鸡粪作为肥料时，应将有机肥充分发酵后再施到果园中，防止有机肥中的病原微生物传染疾病。

（6）重视消毒 消毒在鸡的疾病防治中占有重要位置，消毒是在鸡体外杀灭病毒和病原菌的唯一手段。在每批鸡出栏后彻底清除鸡舍中的鸡粪，地面经清洗后用2%～3%的氢氧化钠溶液泼洒消毒，然后每立方米空间用28毫升福尔马林与14克高锰酸钾对鸡舍空间进行熏蒸消毒。为更好地杀灭病原微生物，应采用“全进全出”制。在一批鸡清栏后，果园场地的鸡粪采取翻土20厘米以上，然后地面上用生石灰或石灰乳泼洒消毒，以备下批饲养。果园养鸡两年后应换个场地，以便给果园场地一个自然净化的时间。

（7）注意观察 果园养鸡往往不是专职饲养人员管理，加之放养时鸡到处啄虫、草，不易及时发现鸡只状态。而且，如果鸡只发生传染性疾病，会将病原微生物扩散到整个环境中。因此，放养时要加强巡逻和观察，发现落伍、独处一隅、精神萎靡的病弱鸡，及时隔离观察和治疗。鸡只傍晚回舍时要清点数量，以便及时发现问题、查明原因和采取有效措施。

（8）加强管理 鸡舍每天应除粪清扫1次，搞好日常卫生消毒工作。放养期的抛食应遵循“早宜少、晚适量”的原则，同时考虑幼龄鸡觅食能力差的特点，酌情加料。放养宜选择在晴天无风天气，严禁大雨、大风、气候寒冷天气放养。密切注意天气情况，遇有天气突变，在下雨、下雪或起风前及时将鸡赶回鸡舍，防止鸡只受风寒感冒。热天放养应早晚多放，中午在树荫下休息或赶回鸡舍，不可在烈日曝晒下长久放养，防止中暑。放养过程中要进行放养训导，以建立起鸡只回舍的条件反射，以便在紧急情况下能使每只鸡及时回舍。

果园养鸡既有利于果树的生长，又能降低养鸡成本，提高鸡的肉质，满足市场的需要，不失为农村地区一个高效益的致富项目。

三 提高果园养鸡效益的措施

（1）选择合适的优良品种 从这几年的养殖情况看，快大型鸡不适宜果园养殖，而缓速的中小型鸡，如江村黄鸡、三黄鸡、固始鸡、仙居鸡、福建清麻鸡、浙大黄鸡等品种，对环境要求低、适应性广、活动量大、抗病力强、成活率高，其商品鸡羽毛丰满、色泽靓丽、鸡冠肉髯发达，肉质风味好，价格高，深受消费者欢迎。市场行情好时，优质鸡的价格与快大型鸡每千克差价达8元，即使行情差时也相差1～2元。

（2）提高商品鸡的上市率 目前果园养鸡的上市率高的达98%，低的仅70%～80%，效益相差悬殊。若加强饲养管理，重点是育雏期的饲养管理，使育雏率达到98%，商品鸡上市率达95%以上，是完全做得到的。在投资大致相同的情况下，成活率高的鸡的机体健康，用药量少，耗料省，鸡群均匀度好，其效益可提高15%～20%。

（3）适度规模养殖 果园养鸡的效益与适度规模密切相关，没有一定的规模就没有好的效益。1个劳动力饲养1500～2000只为宜，即使条件相当具备，也不能超出5000只。同时，采取多点投放，分散养殖，这样有利于管理和降低疾病的风险，提高效益。

（4）合理放牧 果园养鸡就是充分利用果园中的青草、昆虫、树叶等资源让鸡啄食，节省部分饲料，鸡粪又为果园增加肥料。合理轮放，两者相得益彰。但一个场地养鸡最多不超过2年。在一个果园（一般1公顷以上）最好搭2个鸡棚，实行轮放，这样可以使资源得到充分利用，取得更好的效果。

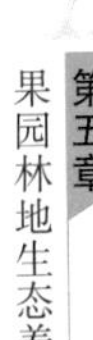

（5）科学投料 饲料投入约占果园养鸡总投入的70%。因此，科学投料是节省饲养成本、提高效益的重要措施之一。在育雏阶段，应选择小颗粒全价配合饲料（雏鸡料），料应撒在塑料膜或团箕上。采取少撒勤添，开始一天喂7～8次，以后逐步减少投喂次数。这样可以增加雏鸡食欲，减少饲料浪费。育成期由雏鸡料逐步换成中鸡料，让鸡有一周的适应期。育成鸡可以用中鸡料，也可以用玉米或稻谷投喂。中鸡料价格比雏鸡料低，原粮价格又比中鸡料低。投喂次数由开始的4～5次逐渐减至中午、下午各一次，晚上再补一次。上午一般不投料，这样可以迫使鸡自由找食。也可投入适量瓜皮、藤蔓让鸡啄食，节省饲料，并且肉质风味好。中后期一只鸡浪费0.5千克料是看不到的，若节省

0.5千克料就等于节省成本0.5~0.6元，2000只鸡的规模就等于增加效益1000~1200元。

（6）看准行情，实时出售 果园养鸡之所以受消费者青睐，就因为其肉质风味好。在果园养的鸡除了品种优良、环境佳、投药少外，还与适当的饲养期有关。一定的饲养期可以使鸡的肌纤维老化、含水量少；鸡羽毛丰满、冠肉髯充分发达、色泽靓丽（80天以上的鸡风味就比40~50天的好），容易吸引消费者的购买欲。养殖户养出优质鸡，行情好时价格就高，收益丰厚；行情欠佳，价格也高于其他鸡。饲养期太短，外观和肉质都差，影响效益；饲养期太长，风险性大，饲料报酬低，对劳力、场地也是浪费。一般果园养的鸡外观达到美观，体重为1.2~1.5千克，时间在80日龄就可出售。同时，养殖户要看准行情，鸡价上涨，饲养期可适当推迟，行情下跌，可适当提前出售，获得最佳效益。

（7）防止兽害，减少损失 果园养鸡的整个饲养期都易引起老鹰、黄鼠狼等兽害，尤其是大鸡损失较大。老鹰属保护益鸟，不可随意捕杀，可在离地面3米处张挂捕鱼网罩围栏，网下养鸡，若遇鹰害，鹰爪会被渔网缠绕而不能逃脱或受惊而逃；或在发现老鹰捕捉放养鸡时，立刻鸣放鞭炮，老鹰便会受惊而逃。

第六章 散养鸡场经营管理

第一节　经营决策

掌握鸡场经营管理的基本方法是获得良好经济效益的关键。因此，除善于经营外，还须认真搞好计划管理、生产管理和财务管理，同时生产与销售高质量、价格有竞争力的鸡产品，从市场获得应有的效益和声誉。在鸡场经营的过程中要注意以下几点：

1）掌握国家方针政策，正确预测市场的走向。

2）办理好各种经营证件，争取政府的扶持。

3）做好决策，确定养殖什么品种、养殖场格局的布置、资金的投入量等。

4）打通销售渠道。

第二节　计划管理

鸡场的计划管理是通过编制和执行计划来实现的。计划有三类，即长期计划、年度计划和阶段计划，三者构成计划体系，相互联系和补充，各自发挥本身作用。

一 长期计划

长期计划又称远景计划，从总体上规划鸡场若干年内的发展方向、生产规模、进展速度和指标变化等，以便对生产与建设进行长期、全面的安排，统筹成为一个整体，避免生产的盲目性，并为职工指出奋斗目标。

长期计划时间一般为 5 年，其内容、措施与预期效果分述如下：

（1）内容与目标 确定经营方针；规划鸡场生产部门及其结构、发展速度、专业化方向、生产结构、工艺改造进程；技术指标的进度；主产品产量；对外联营的规划与目标；科研、新技术与新产品的开展与推广等。

（2）措施 实现奋斗目标应采取的技术、经济和组织措施。如基本建设计划、资金筹集和投放计划、优化组织和经营体制改革等。

（3）预期效果 主产品产量与增长率、劳动生产率、利润、全员收入水平等的增量与增幅。

二 年度计划

年度计划是鸡场每年编制的最基本的计划，根据新的一年里实际可能性制定的生产和财务计划，反映新的一年里鸡场生产的全面状况和要求。因此，计划内容和确定生产指标应详尽、具体和切实可行，作为引导鸡场一切生产和经营活动的纲领。年度计划包括以下各项环节：

（1）生产计划 比如来年生产多少只肉鸡，应进多少鸡苗、多少饲料等。

（2）基本建设计划 计划新的一年里进行基本建设的项目和规模，是扩大再生产的重要保证，其中包括基本建设投资和效果计划。比如扩大养殖林地规模、增加鸡棚等。

（3）劳动工资计划 包括在职职工、合同工、临时工的人数和工资总额及其变化情况等。

（4）产品成本计划 拟定各种生产费用指标、各部门总成本、降低额与降低率指标等。此计划是加强低成本管理的一个重要环节。

（5）财务计划 对鸡场全年一切财务收入进行全面核算，保证生产对资金的需要和各项资金的合理利用。内容包括：财务收支计划、利润计划、流动资金与专业资金计划和信贷计划等。

三 阶段计划

鸡场年度计划包括一定阶段的计划。一般按月编制，把每月的重点工作（如进雏、转群等）预先安排组织、提前下达，尽量做到搞好突击性工作，同时使日常工作照样顺利进行。要求安排尽量全面、措施尽量明确具体。

第三节 财务管理

一 财务管理的任务

鸡场的所有经营活动都要通过财务反映出来，因而，财务工作是鸡场经营成果的集中表现。搞好财务管理不仅是要把账目记载清楚，做到账账相符、账物相符、日清月结，更重要的是要深入生产实际，了解生产过程，通过不断的经济活动分析，发现生产及各项活动中存在并亟待解决的问题，研究并提出解决问题的方法和途径，以不断提高鸡场的经营管理水平，从而取得较好的经济效益。

二 成本核算

鸡场财务管理中成本核算是财务活动的基础和核心。只有了解产品的成本，才能计算出鸡场的盈亏和效益的高低。

（1）成本核算的对象和方法 果园林地养鸡成本核算的对象有：鸡苗价格、饲料价格、水电煤费用、工人工资等。总成本 = 鸡苗费用 + 饲料费用 + 防治费用 + 水电煤费用 + 工资 + 鸡场建筑和设备折旧费 + 地租 + 治污费用 + 交通成本。

（2）净收入的计算方法 净收入 = 卖鸡总收入 - 总成本

（3）利润率的计算方法 利润率 = 净收入/总成本

（4）年利润率的计算方法 年利润率 = 利润率 × 周转速度

第七章 放养鸡的常见疾病防治

第一节 综合防疫措施

对于养鸡户来说，最大的顾虑就是怕鸡发病，尤其是传染病。放养鸡如发生疫病，有效的治疗措施较少，治疗的经济价值也较低。有些病即使治好了，鸡的生产性能也受到影响，经济上不合算。因此，要认真做好预防工作，从预防隔离、饲养管理、环境卫生、免疫接种、药物预防等方面，全面抓好商品鸡场的综合防病工作。概括起来，综合性防疫措施主要有如下几点。

一 生态隔离

隔离就是防止疫病从外部传入或场内相互传染。有调查表明，病原的90%以上都是由人和进鸡时传入的，所以，进雏的选择及进雏后的隔离饲养等都必须严格按规定执行。鸡舍入口处应设有一个较大的消毒池，并保证池内常有新鲜的消毒液；工作人员进入鸡舍须换工作服和鞋，入舍前洗手并消毒，鸡舍中应做到人员、用具和设备相对固定使用；严禁外人入舍参观；绝对不从外购入带病鸡只及产品；非同批次的鸡群不得混养。在放养时也尽量做到生态隔离，即与其他鸡场要有一个隔离带。如果放养的地方面积较大，可以隔成几个小区，进行不同批次的鸡只轮流放养。

二 把好引种进雏关

鸡苗应来自种鸡质量好、防疫严格、出雏率高的鸡场。雏鸡应尽量购自无败血霉形体等蛋传递性疾病的健康种鸡群；初生雏经挑选、雌雄鉴别、注射马立克氏病疫苗后，要在48小时内运回场。为了不把运雏箱上黏附的病原带进鸡舍，在雏鸡进入鸡舍之前，要盖上箱盖在舍外进行喷雾消毒。

三 保证饲料和饮水卫生

购买饲料时，一定要严把质量关，对有虫蛀、结块发霉、变质、污染有毒物质的原料，千万不要贪图便宜或因购买方便而购进，特别是对鱼粉、肉骨粉等质量不稳定的原料，要经严格检验后才能购进。饲喂全价饲料应定时、定量，不得突然更换饲料。

生产中必须确保全天供应水质良好的清洁饮水，不能直接使用河水、坑塘水等表层水，如果只能使用这种水，用时必须经沉淀、过滤和消毒处理。建议使用深井水和自来水。目前，一般鸡场都用水槽饮水，由于水面暴露在空气中，容易受到尘埃、饲料和粪便的污染。所以鸡的饮水必须注意消毒，消毒药可用高锰酸钾、次氯酸钠、百毒杀、漂白粉等，并每天清洗水槽1次。生产中若改水槽为乳头式饮水器，可减少饮水污染。

四 创造良好的生活环境

创造一个适宜的生活环境，是保证鸡只正常生长发育和产蛋的重要条件。由于鸡的抗病能力差，对光线敏感，且易受惊吓而引起骚动。所以，鸡舍环境要保持安静。饲养管理人员在舍内要穿戴工作衣帽，工作认真，严格遵守操作规程，搞好清洁卫生工作，保持舍内干燥，做到鸡体、饲料、饮水、用具和垫料干净。鸡舍周围的垃圾和杂草是昆虫滋生的场所，一定要清除干净。鸡舍、饲料间周围建5米的防鼠带，消灭老鼠和蚊蝇，防止猫、狗、鸟等进入。病死鸡要清出场外，不能堆放在场内。鸡舍内部要保持空气新鲜，通风良好，温度、湿度适宜，并按鸡体生理要求，提供一定时间和强度的光照。

为创造良好的生活环境，必须定期消毒。消毒是杀死鸡体外病原体的唯一手段。对鸡舍、用具设备和鸡舍周围环境进行消毒是切断病原传播的有效措施。食槽、饮水器及一些简单用具经消毒后，在阳光下曝晒 2～3 次即可起到杀灭病原的作用，亦可洗净后用 0.1% 的新洁尔灭或 0.05% 的高锰酸钾溶液浸泡 5～10 分钟。

五 抓好免疫接种和预防性投药

免疫接种可使鸡产生免疫力，是防止某些传染病的有效措施。目前，商品鸡场主要预防鸡马立克氏病、鸡传染性法氏囊病、新城疫、传染性支气管炎、鸡痘、禽霍乱等。

预防性投药是在未发生疾病之前用抗菌药进行预防剂量给药。为防止病菌产生抗药性，还应采取几种药物交替使用的方法。应注意的是，放养鸡接近出售时应停止喂药，以免产生残留。连续投服药物，使鸡体内药物的浓度经常维持在一定水平，对大多数细菌性疾病和寄生虫病是能起到预防作用的。在生产实践中，放养鸡多发的疫病主要是鸡白痢、球虫病、大肠杆菌病和慢性呼吸道病等。

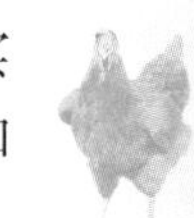

鸡白痢多发于 15 日龄以内的雏鸡，最早发生于 3 日龄，所以预防药物应从 2 日龄起投服，一般一种药物连用 5 天后，改换另一种药物，再连用 5 天即可。常用药物有 0.25% 的土霉素、0.25% 的氯霉素以及敌菌净等。

球虫病多发于 42 日龄以内的鸡只，最早发生于 10 日龄，但球虫对药物易产生抗药性，在预防用药时必须几种药物交替使用，一般从 10 日龄开始用至 42 日龄，其间一种药物用 5～7 天后停 2～3 天，改用另一种药物。常用药物如氯胍 30 克/千克饲料或敌菌净 20 克/千克饲料，均有良效。

转群、预防接种和气候突变等易使放养鸡感染大肠杆菌病或霉浆体病，此时应在饲料中加药预防，可投服0.25%的土霉素，连用3~5天。高力米先、利高霉素等亦可。

六 实行“全进全出”饲养制度

实行“全进全出”饲养制度，可使鸡舍每年都有一段空闲时间。此时集中进行全场的彻底清理和消毒。这对控制那些在鸡体外不能长期存活的致病因子是最有效的办法。对放养面积大的鸡场，可采用轮牧的放养制度，使放养场地也在鸡出售后得到清理和消毒。

除了做好以上几项综合性防疫措施外，还需解决一些观念上的问题和纠正一些错误做法。

（1）盲目认为接种了疫（菌）苗，鸡场就万事大吉了 疫（菌）苗能有效地预防传染病的发生，但不是绝对的。受疫（菌）苗的质量、接种的方式、接种的时间、机体的状况等因素的影响，疫（菌）苗接种不可能对鸡群产生百分之百的保护。因此，平时的综合性防疫措施任何时候都不能放松。

（2）邻居围观 在农村，每当谁家购进一批小鸡时，常常可以看到街坊邻居前来观看祝贺。作为主人，因碍于情面，有口难言，或贪图个热闹和吉利。岂不知这既增加了鸡群应激，又增加了传染病发生的机会。

（3）养鸡户用饲料销售部门的包装袋盛装饲料 在饲料购销上不注意专袋专用和定期消毒。有的为图省事，干脆用饲料销售部门的麻袋，用完归还。这样同一个麻袋可能在几个养鸡场周转，带上不同的传染病原，从而增加疾病传播的机会。一些不具备条件的专业户，私自销售饲料，这样也会增加疾病的传播。为杜绝这一现象，除养鸡者自身注意外，饲料销售部门也应予以配合，对饲料袋应定期消毒后使用。

（4）病死鸡不做无害化处理 处理病死鸡最方便的方法是深埋或焚烧。但在农村，死鸡随便乱扔，或不经处理而拿去喂狗，或以为可惜而食用的现象很普遍。这样无异于人为地散播病原，从而引起传染病的流行。

（5）不按要求消毒 在消毒问题上存在几种错误看法：

① 以为只要定期消毒即可，而不注意消毒前的清扫、洗涤，在鸡舍、水槽、食槽等肮脏不堪的情况下即进行消毒，结果仍无多大作用，传染病照样发生。

② 使用消毒剂不按比例稀释，任意加大或缩小浓度。

③ 不注意消毒剂的存放，不注意防潮、防晒，以至药效大减，不能起到应有的消毒作用。

（6）养鸡户相互串门 养鸡户之间相互交流经验，对促进养鸡业的发展是有益的。但是，在农村不经消毒、更衣便相互聚在一起讨论问题的现象很普遍，甚至将来人直接引入鸡舍现场说教，或将死鸡从一场拿到另一场解剖，这样相互间的直接接触或间接接触，无疑都会增加疫病传播的机会。

（7）饲养管理人员及用具不固定 有些人进入鸡舍根本不消毒，绝大部分只注意脚下消毒而不注意更换衣帽。农村饲养员不如大鸡场的专业饲养员固定，往往流动性大，所以自身消毒更应注意。有的鸡场料桶、料瓢、水桶和水瓢等不固定，随拿随用。有的在水中加药，无专用搅水棍而随用随找。这些无疑也会增加疫病发生的机会。因此，各种用具应当专用，并且应定期消毒。

第二节 鸡病毒性传染病

一 鸡新城疫

鸡新城疫又叫亚洲鸡瘟，它是一种由病毒引起的急性、高度接触性传染病。病毒变异后又可能对鸡致病力不同，因而出现非典型性鸡新城疫症状。由于鸡新城疫可以随飞鸟的迁徙而传播，放养鸡对鸡新城疫的免疫预防就显得尤其重要。

【流行特点】一年四季都可以发病，以春、秋两季较多。雏鸡和育成鸡比成年鸡更易感染，传染性较强，死亡率较高，高的达90%～100%。新城疫病毒主要存在于病鸡的分泌物和排泄物中，被其污染饲料、饮水、环境和用具，通过消化道和呼吸道感染健康鸡。病死鸡和粪便处理不当是造成该病传染扩散的主要因素，应引起广大养鸡户的重视。

非典型性新城疫的流行特点是：多发生在免疫鸡群，以免疫前后发病最多。雏鸡和成年鸡的发病率和死亡率都不高。

【临床症状】

1）消化道症状为主的表现：病鸡精神沉郁，食欲不振，缩颈闭眼，排绿稀便，急性死亡。病程稍长的病鸡出现消瘦、腿麻痹、头颈扭转等神经症状。

2）呼吸道症状为主的表现：伸颈呼吸，甩头，咳嗽，倒提鸡时从口中流出大量黏液（彩图11）。食欲减退，体温升高，精神不振，羽毛蓬乱，有的表现头颈震颤，趾、翼麻痹。

3）非典型性病鸡表现为：鸡精神欠佳、打瞌睡等，而其他临诊症状则不明显。

【剖检病变】

（1）典型新城疫 常见的一般剖检病变为腺胃出血，盲肠扁桃体出血，肠出血或溃疡（彩图12）；气囊混浊，气管中有大量黏液。

（2）非典型性新城疫 腺胃乳头有少量出血（彩图13），部分肠道有肿胀和出血，少见坏死性变化；盲肠扁桃体肿胀、出血变化较明显（彩图14）。气囊混浊，肥厚有干酪样物。

【防治方法】本病尚无有效的治疗方法，免疫接种是预防本病的主要措施，即：4～5日龄用鸡新城疫Ⅱ系疫苗或鸡新城疫Ⅳ系疫苗首免；18日龄再用鸡新城疫Ⅱ系疫苗或鸡新城疫Ⅲ系疫苗二免；34日龄时用鸡新城疫Ⅳ系疫苗第三次免疫。在疫区，第三次可直接用鸡新城疫Ⅰ系疫苗进行免疫。在疫区，可以在5日龄及14日龄各进行一次鸡新城疫Ⅱ系疫苗或鸡新城疫Ⅳ系疫苗点眼或滴鼻免疫，28日龄用鸡新城疫Ⅰ系疫苗进行注射免疫。在疫苗用法上，鸡新城疫Ⅲ系疫苗、鸡新城疫Ⅳ系疫苗也可用于注射，这样方式免疫力产生快，抗体水平也高，并且也可避免激发出呼吸道疾病。首免，母源抗体较高时，用滴鼻给予局部免疫。第二次是在抗体水平低时，用鸡新城疫Ⅲ系疫苗或鸡新城疫Ⅳ系疫苗注射免疫，当抗体水平高时，可仍采用滴鼻或喷雾免疫。在疫病流行区，先用鸡新城疫Ⅳ系疫苗喷雾给予局部免疫，次日就用灭活油佐剂疫苗注射免疫，效果良好。

二 鸡传染性支气管炎

鸡传染性支气管炎是一种由传染性支气管炎病毒传播而引起的有高度传染性的常见鸡病。它使鸡发生呼吸道疾病，可给放养鸡造成明显的经济损失。

【流行特点】传染性支气管炎病毒的潜伏期很短（18～48小时），具有高度的接触传染性，因而传播迅速。易感鸡可通过呼吸或食入被污染的饲料和饮水，或与病鸡接触而感染。有少数病鸡在临诊症状消失4周甚至更长时间后，依然从粪便排出病毒。秋、冬季节容易流行，环境条件不良会促进本病发生。

【临床症状】幼龄病鸡表现伸颈，张口呼吸，咳嗽，精神不振，食欲废绝，羽毛松乱，翅下垂，昏睡，怕冷，打堆，流鼻液。呼吸症状出现2～3天后，病雏出现死亡。中雏和大雏发病时，因气管有大量黏液，发出咕噜的异常呼吸音，发病后有的出现黄白色下痢。如果是产蛋鸡发病，则产蛋下降，没有死亡。

【剖检病变】病理变化主要是在呼吸器官有浆性或干酪样渗出物，气管中有黏液栓塞。气囊混浊或有干酪样渗出物。肾脏肿大、苍白，肾小管和输尿管充满尿酸盐，花斑肾（彩图15）。

【防治方法】在做好饲养管理工作的同时，施行免疫接种，使鸡获得坚强的免疫力。10～14日龄用H_{120}弱毒疫苗点眼或滴鼻；40日龄前后用H_{52}弱毒疫苗点眼、滴鼻，或每100只雏鸡用200～300份疫苗饮水；110～120日龄用H_{52}弱毒疫苗点眼、滴鼻，或每100只鸡用200～400份疫苗饮水。在本病高发地区，同时肌内注射鸡传染性支气管炎病毒油乳剂灭活疫苗。

三 鸡传染性喉气管炎

鸡传染性喉气管炎是由禽疱疹病毒属中的传染性喉气管炎病毒引起的一种急性、接触性传染病。该病的特征是呼吸困难、咳嗽，咳出血样的渗出物。喉头和气管黏膜上皮肿胀，甚至黏膜糜烂、坏死和大面积出血。

【流行特点】病鸡和带病毒无症状鸡是主要传染源。在鸡群中的感染率可高达90%～100%，死亡率可在5%～70%之间，一般为10%～20%。感染一群鸡只需1～2周时间。冬、春寒冷时期发病较多。

【临床症状】发病初期，常有数只鸡突然死亡，其他患鸡开始流泪，流出半透明的鼻液，经1天后，病鸡精神沉郁，食欲减退，由于呼吸困难，鸡颜面部发绀，伸长颈张口呼吸，可听到呼噜、咕噜的呼吸音。由于喉头、气管内分泌物增多，咳嗽非常吃力，摇头晃脑才能咳出血痰和带有血染的黏性分泌物，有时还咳出干酪样分泌物。病鸡最后因窒息而死亡。发病期间，病鸡还出现结膜炎、流泪、畏光，进而眼睑部肿胀，不能睁开眼睛，重者失明。有些病鸡出现颈部肿胀。多数病鸡体温上升到43℃以上，间有下痢。

【剖检病变】病死鸡的嘴角、头部及其他部位的羽毛上常有血痰沾污。剖检病变主要在喉头和气管。病重时，喉头出现变性、出血及黏膜上皮坏死。2～3天后呈干酪样黄褐色固形物质覆盖黏膜表面，时而咳出体外，呈管状伪膜。

【防治方法】在做好隔离消毒的同时，采取主动免疫的方法，使鸡获得强大的免疫力是预防本病最有效的措施。

四 禽流感

禽流感是由A型流感病毒引起的一种禽类的全身性或呼吸道传染病（彩图16、彩图17）。该病毒属于正粘病毒科，鸡、火鸡、珍珠鸡、鹌鹑、雉、鹅、鸭等家禽及野鸟均可感染。

禽流感是病死率很高的一种传染病，也称鸡瘟。为了与新城疫区别，本病又有“真性鸡瘟”和“欧洲鸡瘟”之称。本病在许多国家都曾流行过，造成巨大的经济损失。

由于本病病原易于发生变异及各血清型毒株间缺乏交叉免疫性，应用疫苗进行预防，目前尚有一定困难。根据以往的防治经验，本病在某些国家的局部地区虽仍有发生，但由于采取严格的防治措施，均得到了很好的控制。因此，在怀疑本病发生时，应尽快确诊，报告有关部门，果断采取严格的隔离及淘汰等综合防治措施。

五 鸡传染性法氏囊病

鸡传染性法氏囊病是鸡的一种急性病毒性传染病，又是一种免疫抑制病。

【流行特点】本病具有传染性强、传播速度快、感染率和死亡率均高的特点，鸡群一旦发病，3 天内波及全群。本病无季节性。21～35 日龄的雏鸡易感染，但 16 周龄前法氏囊功能仍存在时，都有可能感染。当鸡场或鸡舍一旦被此病毒污染，此病常反复发生。鸡群感染率 100%，死亡率为 5%～15%。

【临床症状】病雏表现精神不振、毛松、头低和震颤；排黄白色水样稀粪，肛门黏膜发红，其周围羽毛有粪污，个别鸡有啄肛现象；脚软，严重时倒地侧卧，最后虚脱死亡。

【剖检病变】法氏囊先肿大，外面有黄色胶冻样物包裹，囊呈土黄色或黄白色；将囊壁剪开后，可见内有果酱样、奶油样或干酪样物，有时有出血斑（彩图 18），甚至整个囊像紫葡萄样；感染第五天后，囊急剧萎缩，8 天后只有原来的 1/3～1/2。肾脏苍白肿大，有尿酸盐沉积。大腿外侧肌肉及胸肌呈条索状或斑点状出血（彩图 19）。有些鸡的腺胃黏膜有出血斑或出血带。

【防治方法】

（1）疫苗接种 本病尚无有效的治疗方法，免疫接种是预防本病的措施。

对来自没有经过鸡传染性法氏囊病灭活疫苗免疫种母鸡的雏

鸡，一般多在10~14日龄进行首免，二免应在首免后的2~3周进行。对来自接种过鸡传染性法氏囊病灭活疫苗种母鸡的雏鸡，首免可根据琼脂扩散测定的结果而定，一般多在20~24日龄间首免，首免后2~3周进行第二次免疫。

（2）卫生管理 对养鸡环境进行彻底消毒，可用2%的氢氧化钠、0.3%的次氯酸钠、0.2%的过氧乙酸、1%的农福、5%的福尔马林等消毒药喷洒，最后用福尔马林熏蒸，并且有严格的卫生隔离措施，防止病毒进入鸡舍。

六 鸡马立克氏病

鸡马立克氏病是由疱疹病毒引起的一种传染性、肿瘤性疾病。

【流行特点】一般小鸡比大鸡、母鸡比公鸡、外来品种比本地品种易发此病，以2~4月龄鸡发病率最高，死亡率一般为10%~80%。皮肤（羽毛囊上皮）是完整病毒复制的唯一场所，感染鸡群中羽毛、尘埃、排泄物、分泌物均含有病毒且有传染性，经呼吸道、消化道传播。

【临床症状】急性发作时呈现精神委顿，羽毛松乱，行走迟缓，减食、消瘦，独居一隅。病程一长，鸡冠萎缩，眼瞎，鸡腿或翅膀一侧或两侧麻痹，拉绿色粪便。本病可分为4个类型。

（1）皮肤型 皮肤、肌肉上可见肿瘤结节或硬肿块，毛囊肿大，脱毛，肌纤维失去光泽，严重感染，小腿部皮肤异常红。

（2）神经型 表现为神经麻痹、运动失调。常引起一肢或两肢呈不同程度的麻痹，一肢向前伸，一肢向后伸，形成“劈叉”姿势（彩图20），坐骨神经肿大2~3倍（彩图21），呈浅黄色，无光泽，纹理消失。

（3）内脏型 主要在肝脏（彩图22）、脾脏、肾脏、肺脏（彩图23）、心脏、腺胃、卵巢、肠系膜等内脏器官出现单个或多个肿瘤病灶，有肿瘤的器官比正常大1~3倍，病鸡腹部膨大、积水。

(4) 眼型　一侧或两侧瞳孔缩小，虹膜变为灰色并混浊（彩图24），视力减弱或失明，瞳孔边缘不整齐。

【剖检病变】神经肿瘤样增大病变是马立克氏病的诊断性症状，在坐骨神经及臂神经上最容易观察到。皮肤和眼的肿瘤大多与马立克氏病有关。在羽毛囊四周的细小白色小肿瘤是诊断马立克氏病的特异病变。眼表现灰暗、呆滞可能是初期症状，后期眼内有灰白色的生长物。当6～30周龄的鸡有内脏肿瘤时，无论有没有瘫痪，都必须考虑马立克氏病。

【防治方法】主要是做好疫苗接种。用马立克氏病弱毒疫苗接种1日龄雏鸡免疫，每只注射2份。

七 禽传染性脑脊髓炎

禽传染性脑脊髓炎俗称流行性震颤，由一种属于小核糖核酸病毒科的肠道病毒属的病毒引起，是主要侵害雏鸡的病毒性传染病。以共济失调和头颈部震颤为主要特征。

【流行特点】本病有很强的传染性，通过接触进行横向传播。病鸡感染后，通过粪便排出病毒的时间为5～12天。病毒在粪便中可存活4周以上。当鸡接触到被污染的饲料或饮水时便发生感染。出壳的雏鸡在1～20日龄之间将陆续出现典型的临诊症状。本病流行无季节性的差异，一年四季均可发生。

【临床症状】病雏最初表现较为迟钝，继而出现共济失调，不愿走动而蹲坐在自身的跗关节上，驱赶时可勉强走动，行走时摇摆不定或向前猛冲后倒下，最后侧卧不起。肌肉震颤大多在出现共济失调之后才发生，在腿、翼和头颈部，可见到明显的阵发性的音叉式震颤，在病鸡受惊扰时更为明显。部分病雏可见一侧或两侧眼球的晶状体混浊或浅蓝色的褪色，眼球增大及失明。本病的感染率很高，死亡率不定。刚受强病毒感染后几天内的种蛋孵出的小鸡，其死亡率可高达90%以上，随后逐渐降低。在感染后1个月的种鸡的后代，就不再出现新的病例。

【防治方法】根据疾病仅发生于3周龄以下的雏鸡，无明显肉眼病变而以共济失调和震颤为主要症状，并且药物防治无效等，可做出初步诊断。本病尚无有效的治疗方法，一旦确诊，应将发病鸡群扑杀并进行无害化处理。

八 鸡传染性贫血病

鸡传染性贫血病早期称为贫血因子病，是由鸡贫血病毒引起的再生障碍性贫血和全身淋巴组织萎缩性免疫缺陷病。该病毒可垂直与水平感染引起临床与亚临床症状。

【流行特点】鸡传染性贫血病毒只能使鸡发病，感染率在20%～60%之间，所有年龄的鸡都可以感染，肉鸡比蛋鸡易感，公鸡比母鸡易感。但对本病毒的易感性随着日龄的增长而急剧下降，1～7日龄雏鸡最易感，2～3周龄的雏鸡对本病的易感性迅速降低，6周龄以上多呈亚临床感染。本病的传播方式有两种，一是垂直传播，即母鸡感染了该病，其产蛋孵化出的小鸡也带有该病毒；二是水平传播，健康鸡可通过与病鸡接触，与病毒污染的环境接触而感染。鸡群一旦感染了鸡传染性贫血病则很难净化。

【临床症状】自然感染的病例以贫血及皮肤局灶性瘀血为主要特征。该病潜伏期为8～12天。人工感染健康鸡在接种后第八天就能看到贫血和明显的组织学病变。在临床显现期，病鸡精神沉郁，食欲减退，发育受阻，冠及髯苍白，羽毛蓬乱。感染鸡常见皮肤或皮下点状出血，翅膀、头部、臀部、腹部有时也发生灶状瘀血及出血，病变部皮肤变蓝和破溃，流出血样渗出物，病变部易继发细菌感染，导致坏疽性皮炎。

【剖检病变】以胸腺、骨髓萎缩，肌肉与内脏器官贫血、苍白最具特征。胸腺体积缩小，呈深红褐色。法氏囊体积缩小，显著萎缩。股骨的骨髓萎缩、脂肪化，呈浅黄红色或粉红色。除此之外，全身各处肌肉及其内脏器官贫血、苍白，有时还可观察到与严重贫血症有关的其他病变，如肝脏、肾脏肿大、褪色，脾脏褪色萎缩，心脏扩大，心肌柔软，腺胃黏膜皮下及肌肉出血。

【防治方法】目前，本病尚无药物治疗方法。对细菌继发感染可用抗生素治疗控制。加强日常饲养管理，及时接种鸡传染性法氏囊病疫苗和鸡马立克氏病疫苗，防止机体免疫抑制。

九 禽白血病

禽白血病是由禽C型反转录病毒群的病毒引起的禽类多种肿瘤性疾病的统称，主要是淋巴细胞性白血病，其次是成红细胞性白血病、成髓细胞性白血病。此外，还可引起骨髓细胞瘤、结缔组织瘤、上皮肿瘤和内皮肿瘤等。

【流行特点】本病在自然状态下只感染鸡。母鸡的易感性比公鸡高，多发生于18周龄以上的鸡，呈慢性经过，病死率为5%~6%。传染源是病鸡和带毒鸡。在自然条件下，本病主要以垂直传播方式进行传播，也可水平传播，但比较缓慢，多数情况下接触传播被认为是不重要的。本病的感染虽很广泛，但临床病例的发生率相当低，一般多为散发。饲料中维生素缺乏、内分泌失调等因素可促进本病的发生。

【临床症状】病鸡精神委顿，进行性消瘦和贫血，鸡冠、肉髯苍白、萎缩，偶尔发绀。病鸡食欲减少或废绝，腹泻，产蛋停止。腹部明显膨大，用手按压可触摸到肿大的肝脏。最后病鸡衰竭死亡。

【剖检病变】剖检可见肿瘤主要发生于肝脏、脾脏、肾脏、法氏囊，也可侵害心肌、性腺、骨髓、肠系膜和肺。肿瘤呈结节形或弥漫形，灰白色到浅黄色，大小不一，切面均匀一致，很少有坏死灶（彩图25）。

【防治方法】本病主要为垂直传播，病毒型间交叉免疫力很低，雏鸡免疫耐受，对疫苗不产生免疫应答，所以对本病的控制尚无切实可行的方法。减少种鸡群的感染率和建立无白血病的种鸡群是控制本病的最有效措施。种蛋、雏鸡应来自无白血病种鸡群，同时加强鸡舍孵化、育雏等环节的消毒工作，特别是育雏期要封闭隔离饲养，并实行全进全出制。抗病育种，培育无白血病的种鸡群。生产各类疫苗的种蛋、鸡胚必须选自无特定病原的鸡场。

十 禽网状内皮组织增殖病

禽网状内皮组织增殖病是指由反转录病毒科禽类C型反转录病毒属中的网状内皮组织增殖病病毒引起的鸡、鸭、火鸡和其他禽类的一群病理综合征。这群病理综合征包括急性网状细胞肿瘤形成、生长抑制综合征、淋巴组织和其他增殖的慢性肿瘤形成。它是代表马立克氏病和禽白血病以外发现的禽类病因不同的第三群病毒性肿瘤病。

【流行特点】网状内皮组织增殖病的自然宿主有鸡、火鸡、鸭、鹅、日本鹌鹑等，其中，火鸡最易感染。鸡和火鸡也是最常用的实验宿主。本病病毒一般感染低日龄鸡，特别是新孵化出来的鸡和胚胎，感染后引起严重的免疫抑制和免疫耐受。而大日龄的鸡免疫机能完善，感染后不出现或仅出现一过性病毒血症。

网状内皮组织增殖病有水平传播和垂直传播两种方式。

【临床症状】病鸡精神沉郁，食欲减退，生长抑制，羽毛蓬乱。

【剖检病变】剖检可见肝脏、脾脏肿大，有时有局灶性灰白色肿瘤结节；胰脏、心脏、肌肉、小肠、肾脏及性腺也可见到肿瘤；法氏囊常有萎缩现象。

【防治方法】目前尚无治疗本病的方法，也没有有效预防本病的措施，但给雏鸡注射物细胞的JMV-1培养上清液可明显降低死亡率。目前，及时淘汰血清抗体的阳性鸡是行之有效的预防措施。

十一 鸡痘

鸡痘在20世纪六七十年代城乡养鸡中开始流行。此后，随着养鸡生产的发展，鸡痘曾一度属于常见而危害很严重的疾病之一，特别是对群养蛋鸡引起产蛋率降低所造成的经济损失较大。鸡痘是由痘病毒引起的接触性传染病，通常有干燥型和潮湿型两种类型：干燥型在鸡冠、脸和肉垂等部位有小疱疹及痂皮；潮湿型感染口腔和喉头黏膜，引起口疮或黄色伪膜。干燥型鸡痘较普遍，潮湿型鸡痘的死亡率较高。两类型可能同时发生，也可能单独出现；任何鸡龄都可受到鸡痘的侵袭，但它通常于夏、秋两季侵袭成年鸡及育成鸡。

【流行特点】夏、秋季节多发。主要通过皮肤损伤传染，其中蚊虫叮咬是最主要的传播因素。本病可持续2～4周。本病侵害30日龄以上的鸡群，主要以皮肤型、眼型、黏膜型和混合型出现。开始以个体皮肤型出现，发病缓慢，不被饲养户重视，接着出现眼流泪，出现泡沫，个别鸡出现呼吸困难，喉头出现黄色伪膜，造成鸡死亡。

【临床症状】在鸡的无毛或少毛的皮肤上发生痘疹，或在口腔、咽喉部黏膜形成纤维素性坏死性伪膜，增重缓慢，消瘦，产蛋下降。

【剖检病变】痘疹发生在口腔、咽喉、上腭、食道或气管黏膜上。开始为黄色结节，以后逐渐互相融合大片黄白色干酪样伪膜。伪膜不易剥离，强行剥离则露出出血的溃疡面。病变常引起吞咽和呼吸困难，常导致窒息死亡。

【防治方法】马上给健康鸡群紧急接种，用鸡痘疫苗5倍量刺种。同时每天带鸡消毒。对皮肤型鸡痘可以用碘甘油或甲紫涂抹。对黏膜型鸡痘可以小心除去伪膜后喷入消炎药物。对眼型的用过氧化氢溶液消毒后滴入氯霉素眼药水。药物治疗可用七味抗毒饮＋吗啉胍＋大肠金＋维多利，混合饮水，连用5天。

第三节　鸡细菌性传染病

一　鸡慢性呼吸道病

该病是一种由鸡败血霉形体引起的一种接触性慢性呼吸道传染病，在鸡群中长期流行，特征是呼吸道啰音、咳嗽、流鼻液，并可见气囊炎。

【流行特点】本病为慢性经过，大小鸡都感染，以1~2月龄鸡发病率最高，鸡感染10~21天后发病，一年四季均可流行。主要通过接触、尘埃和飞沫经呼吸道传播，种蛋也可以传染。应激也可导致本病在鸡群中暴发，传播速度快，发病率达90%以上，死亡率达10%~30%，若混合感染有并发症存在，死亡率可达40%~80%。

【临床症状】上呼吸道黏膜发炎，出现浆液性、黏液性鼻液，表现为眶下窦炎、结膜炎和气管炎。病鸡咳嗽，流鼻液，有啰音。

【剖检病变】喉头、气管内充有透明或混浊的黏液，黏液表面有灰白色干酪样物，肺充血、水肿，气囊壁上有黄色干酪样渗出物，鼻道与眶下窦黏膜水肿、充血、出血。

【防治方法】严格执行综合防疫措施。治疗可用泰乐菌素或北里霉素，按饲料量比例加入0.05%~0.1%，连用3~5天。也可肌内注射土霉素、金霉素等药物，一般每千克体重肌内注射100毫克，每天1次，连续2~3天。若采用中草药疗法，可每只鸡用双花、黄连、苏子、蒲公英各1克，煎水连服3~5天。

二 鸡传染性鼻炎

鸡传染性鼻炎是由副鸡嗜血杆菌引起的一种急性或亚急性呼吸道传染病，感染鸡主要以鼻黏膜发炎、流鼻涕、眼睑水肿和打喷嚏为特征。

【流行特点】大小鸡都感染，以2~6周龄鸡发病率最高，一年四季均可流行，但多发生在秋、冬季节。主要通过接触、空气传播，严重的发病率达50%以上，死亡率达10%~20%。

【临床症状】上呼吸道感染，鼻窦严重肿胀，流鼻涕，眼发炎（彩图26），面部严重肿胀，引起一只眼或双目紧闭。潜伏期为1~3天，具有暴发性。

【剖检病变】主要表现为鼻腔和鼻窦的黏膜呈炎性充血和水肿，偶见肺炎和气囊炎，鼻腔、眶下窦和气管黏膜上皮细胞脱落、裂解和增生，黏膜固有层水肿、充血，毛细支气管细胞肿胀并增生，严重者可见急性卡他性支气管肺炎。

【防治方法】健康鸡可在25日龄和129日龄接种传染性鼻炎油乳剂灭活菌苗进行免疫，每只鸡注射0.15～0.2毫升。治疗用土霉素按饲料量比例加入0.2%，连用7天。也可用红霉素，每吨饲料加185克，喂5～8天。

三 鸡大肠杆菌病

鸡大肠杆菌病是由某些血清型的致病性大肠埃希氏杆菌引起的一种人类与动物共患的多型传染病，引起鸡急性败血症、脐炎、气囊炎、全眼球炎、肉芽肿、肝周炎、关节炎、输卵管炎、蛋黄腹膜炎等。分别发生于鸡的胚胎期至产蛋期，这些疾病有一定的内在联系。

【流行特点】大小鸡都可感染，雏鸡、青年鸡比成年鸡更敏感，一年四季均可流行，但以潮湿梅雨季节多发。细菌污染周围环境、垫料、饲料、水源和空气，当鸡体抵抗力降低时，细菌便会侵害鸡体，导致大肠杆菌病暴发。若污染种蛋，则雏鸡会显性或隐性感染。

【临床症状】鸡群日死亡率突然升高，随后便出现呼吸道症状，如咯咯的呼吸音，在夜晚听到特别清楚。与此同时，可观察到整个鸡群的鸡精神不振，饲料消耗减少。在几天内，患病鸡群的死亡率会增加至正常的2倍或3倍，且持续到屠宰日龄。患鸡生长停滞，群内鸡只大小参差不齐，饲料转化率低。

【诊断】根据病史、症状、放养鸡的特征性病变（气囊炎、心包炎、肝周炎）以及病原菌的分离做出诊断（彩图27）。

【防治方法】

（1）预防措施

① 改善饲养管理，排除诱因，如换气、保温不良等。

② 搞好环境卫生，防止鸡舍内饲具、饲料和饮水被污染。

③ 本病可引起垂直传播。因此，要保证种鸡的健康和种蛋的

消毒。

④ 并发和既发感染是本病的一个特点，如霉形体病净化的鸡群可减少由大肠杆菌引起的呼吸道感染。

⑤ 本病菌对热抵抗力弱，60℃时 30 分钟即可被杀死，对酸性消毒药的抵抗力也比较弱，可利用热和酸性消毒药进行消毒。

⑥ 导致发病的大肠杆菌的血清型较多，各地区各鸡场流行的血清型差异又较大，因此，在使用目前的灭活菌苗时，应选择与当地分离到的血清型相同的菌苗进行免疫预防。

（2）药物治疗 由于一些鸡场平时经常使用抗菌药物，致使大肠杆菌的致病菌株对这些抗菌药物常有不同程度的耐药性。因此，在使用药物前，应先分离病原做药敏试验，以筛选出最敏感的药物。常用药物有新霉素、硫酸安普霉素、牛至油等。

四 鸡白痢

鸡白痢是由鸡白痢沙门氏杆菌引起的鸡和火鸡等禽类的传染病。雏鸡呈急性败血性经过，以白痢为主要症状；成年鸡多呈慢性经过或无症状感染。

【流行特点】传染来源主要是病鸡和带菌鸡。经病原菌污染的粪便、飞绒、饲料、器具等通过消化道、呼吸道、眼结膜、泄殖腔或经精液等媒介物在鸡群中横向传播，亦可通过蛋垂直传播。一般多发生于 3 周龄内雏鸡，发病率和死亡率均很高。成年鸡呈慢性或隐性经过，或为带菌者而成为最危险的传染源。

【临床症状】感染蛋在孵化过程中可出现死胚，孵出的弱雏及病雏常于 1 ~ 2 天内死亡，并造成雏鸡群的横向传染。出壳后感染者见于 4 ~ 5 日龄，常呈急性败血症死亡，7 ~ 10 日龄发病日渐增多，至 2 ~ 3 周龄达到高峰。最急性者常呈无症状突然死亡。急性者表现畏寒、气喘、不食、翅下垂、昏睡、排出白色或带绿色的黏性糊状稀便并污染肛门四周，糊状粪便干涸后堵塞肛门，致使病雏排粪困难而发出凄厉的尖叫声，不少病雏还出现关节肿胀。耐过的病雏多发育不良，成为带菌者。

【剖检病变】蛋黄吸收不良，内含淡黄油样或干酪样物，并有腹膜炎。心肌、肝脏、肺、肠道后段以及肌胃等处出血或有坏死性病灶及结节（彩图 28）。慢性型母鸡外表无明显变化，但剖检则见腹腔内卵泡变形、变色、变质，有的还呈囊肿状，有时发生腹膜炎和心包炎。公鸡感染常见于睾丸和输精管肿胀，渗出物增多或化脓。

【防治方法】加强雏鸡的饲养管理，育雏室保持清洁卫生，室温应根据雏鸡日龄调整；饲槽及饮水器及时清洗消毒，注意通风换气，并注意合理地配合日粮。

鸡白痢菌对抗菌药物有很高的感受性。预防时可选用硫酸黏杆菌素、牛至油等。治疗时用盐酸环丙沙星，按 50 毫克/千克体重饮水，连喂 3 ~5 天；也可选用新霉素、吉他霉素进行治疗。

五 禽霍乱

禽霍乱是由多杀性巴氏杆菌引起的一种热性败血症，以发病急、病程短、死亡快为特征，死前往往无明显临诊症状，只有通过剖检变化，才能做出初步诊断。

【流行特点】许多家禽、野禽都易感，但雏鸡对本病的抵抗力要好于青年鸡和成年鸡。一年四季均可流行，尤其多发于夏季。主要传染来源是由于引进了带菌的鸡，这种带菌鸡经常或间歇地排出病原体，而污染周围环境。鸡群饲养管理不良、体内有寄生虫，营养缺乏，天气突变，阴雨潮湿及鸡舍通风不良等因素，都有可能促进本病的发生和流行。

【临床症状】最急性型的看不到症状，鸡突然死在鸡窝里。急性型体温高；冠及肉垂颜色变深黑紫色，不吃食、不饮水，闭目缩颈；腹泻严重，粪便为灰黄色或绿色；呼吸困难，发病后几小时或 1 ~3 天死亡。慢性型是急性耐过鸡，精神不振，冠、髯水肿，关节肿大，发炎跛行，长期腹泻。

【剖检病变】绝大多数可见肝脏肿大，肝脏表面有针尖大小的灰白色坏死点（彩图 29），心包积液、心冠沟脂肪出血及十二

指肠出血等。根据鸡群的发病情况，尤其是急性死亡病例突然增多，结合特征性病理变化，抗生素试验性治疗有效时，可做假定性诊断。最后通过实验室诊断可以确诊。

【防治方法】严格执行综合防疫措施。治疗方法：可每只成年鸡肌内注射青霉素3万~5万单位，每天2~3次，连续3~5天；或注射链霉素每只10万单位，每天2~3次，连续3~5天；或按饲料量比例加入0.2%的土霉素或四环素，连用5天；或用0.5%~1%的磺胺拌料，连用5天，效果也可以。也可采用中草药疗法，其配方为：藿香30克，板蓝根80克，黄连30克，苍术60克，黄芩30克，厚朴60克，黄檗30克。以上药物混合后加工成粉状，成年鸡每天喂2次，每次喂1~1.5克为治疗量，预防量则减半。

六 鸡坏死性肠炎

鸡坏死性肠炎是由A型或C型产气荚膜梭菌引起的，主要特征性病变是肠黏膜出血、坏死。

【流行特点】雏鸡的自然发病日龄为2周龄至6月龄。饲养在垫料上的肉鸡发病日龄一般为2~5周龄。有3~6月龄地面平养商品蛋鸡发病的报道，也有12~16周龄笼养后备蛋鸡合并暴发坏死性肠炎和球虫病的报道。肉鸡发生亚临床感染时，其生长速度和饲料利用率明显下降，而且多见于日粮中大麦含量高的鸡群。

粪便、土壤、污染的饲料、垫料或肠内容物均含有产气荚膜梭菌。在暴发各型坏死性肠炎时，污染的饲料和污染的垫料通常是其传染源。鱼粉、小麦或大麦含量高的日粮有诱发坏死性肠炎的倾向。

【临床症状】自然暴发该病时，病鸡临床表现为不同程度的精神沉郁，食欲下降，不愿意走动，拉稀，羽毛蓬乱。病程短，常常仅可见到病禽急性死亡。

【剖检病变】剖检病变常局限于小肠，以空肠和回肠多见。

偶尔可见到盲肠病变。小肠脆，易碎，充满气体。肠黏膜弥散性出血或严重坏死，上面附有一层黄色或绿色伪膜，有的易剥落。

【防治方法】在饲料中添加抗生素（如杆菌肽锌、林可霉素、青霉素、氨苄等），能有效预防和控制本病的发生。在日粮中去掉鱼粉可以预防鸡的梭菌感染。促生菌（如乳酸杆菌、粪链球菌）可减轻坏死性肠炎的危害。

暴发坏死性肠炎后可选用下列药物治疗：林可霉素、杆菌肽锌、土霉素、酒石酸泰乐菌素等。

七 鸡坏疽性皮炎

鸡坏疽性皮炎是由败血梭菌、A 型产气荚膜梭菌以及金属葡萄球菌引起的。坏疽性皮炎包括坏死性皮炎、坏疽性蜂窝组织炎、坏疽性皮肌炎、禽恶性水肿、气肿病和烂翅病等。

【流行特点】该病常见于 4 ~ 8 周龄肉鸡，6 ~ 20 周龄的商品蛋鸡、20 周龄的肉种鸡也有发病的报道。土壤、粪便、尘埃、污染的饲料及垫料均含有这些菌。葡萄球菌无处不在且常常定植于鸡的皮肤及黏膜上以及孵化室、圈舍和屠宰加工厂。同时，免疫系统功能受损是坏疽性皮炎暴发的潜在因素。

【临床症状】病鸡表现不同程度的精神沉郁，食欲下降，腿脚无力，步态不稳。病程一般不到 24 小时，通常呈急性死亡。病鸡皮肤发黑，羽毛脱落。病变常见于双翅、胸、腹部和双腿。死亡率为 1% ~ 60%。有的鸡皮下充气或水肿，按压时有捻发音或者有波动感。

【剖检病变】剖检可见肌肉之间有水肿液或气体。有的病例可见皮下水肿和猩红色浆液性渗出物，而皮肤却完好无损。大多数病例脏器无病变，仅偶尔可见肝脏散在白色坏死灶。

【防治方法】在饲料中或饮水中加入金霉素、红霉素、土霉素、硫酸铜等对治疗该病有效。感染鸡注射梭菌多价灭活菌苗，可以降低坏疽性皮炎造成的损伤。辅助治疗措施包括提高垫料质量、降低环境湿度和环境中的细菌数量，以及减少皮肤创伤等。

八 鸡葡萄球菌病

鸡葡萄球菌病是由葡萄球菌所引起的一种传染病，一般认为金黄色葡萄球菌是主要的致病菌，该病有多种类型，给养鸡业造成较大的损失。

【流行特点】本病的主要感染途径是皮肤和黏膜的创伤，但也可能通过直接接触和空气传播，雏鸡通过脐带感染也是常见的途径。雏鸡感染后多为急性败血病的症状和病变，中雏为急性或慢性，成年鸡多为慢性。本病一年四季均可发生，以雨季、潮湿时节发生较多。以40~60日龄的鸡发病最多。

【临床症状】病鸡出现全身症状，精神不振或沉郁，不爱跑动，常呆立一处或蹲伏，两翅下垂，缩颈，眼半闭呈嗜睡状。羽毛蓬松凌乱，无光泽。病鸡饮欲、食欲减退或废绝。少部分病鸡下痢，排出灰白色或黄绿色稀粪。较为明显的症状是，捉住病鸡检查时，可见胸腹部甚至波及嗉囊周围、大腿内侧皮下浮肿，潴留数量不等的血样渗出液体，外观呈紫色或紫褐色，有波动感，局部羽毛脱落，或用手一摸即可脱掉。有的病鸡可见自然破溃，流出茶色或紫红色液体，与周围羽毛粘连，局部污秽，有部分病鸡在头颈、翅膀背侧及腹面、翅尖、尾、脸、背及腿等不同部位的皮肤出现大小不等的出血、炎性坏死（彩图30），局部干燥结痂，呈暗紫色，无毛。早期病例，局部皮下湿润，呈暗紫红色，溶血，糜烂。

【剖检病变】可见整个胸、腹部皮下充血、溶血，呈弥漫性紫红色或黑红色，积有大量胶冻样粉红色或黄红色水肿液，水肿可延至两腿内侧、后腹部，前面到达嗉囊周围，但以胸部为多。同时，胸腹部甚至腿内侧见有散在出血斑点或条纹，特别是胸骨柄处肌肉弥散性出血斑或出血条纹较重，病程久者还可见轻度坏死。肝脏肿大，呈浅紫红色，有花纹或驳斑样变化，小叶明显。病程稍长的病例，肝脏上还可见数量不等的白色坏死点。脾脏亦见肿大，呈紫红色，病程稍长者也有白色坏死点。腹腔脂肪、肌胃浆膜等处，有时可见紫红色水肿或出血。心包积液，呈黄红色半透明。心冠状沟脂肪及心外膜偶见出血。有的病例还见肠炎变化。

【防治方法】一旦鸡群发病，要立即全群给药治疗。一般可使用以下药物治疗。

（1）庆大霉素 如果发病鸡数不多时，可用硫酸庆大霉素针剂，按每只鸡每千克体重3000～5000单位肌内注射，每天2次，连用3天。

（2）卡那霉素 硫酸卡那霉素针剂，按每只鸡每千克体重1000～1500单位肌内注射，每天2次，连用3天。

另外，氯霉素、红霉素、土霉素、四环素、金霉素、链霉素及磺胺类药物都能够有效地治疗本病。

九 禽衣原体病

禽衣原体病又名鹦鹉热、鸟疫，是由鹦鹉衣原体引起的一种急性或慢性传染病，以呼吸器官损伤为特征。

【流行特点】该病主要以呼吸道和消化道病变为特征，主要通过空气传播。呼吸道可能是最常见的传播途径，其次是经口感染。该病一年四季均可发生，以秋、冬季节和春季发病最多。鸡对鹦鹉衣原体引起的疾病具有很强的抵抗力，只有幼年鸡发生急性感染，出现死亡，真正发生流行的较少。

【临床症状】病鸡排出黄绿色胶冻状粪便，且产蛋率下降。大多数自然感染的鸡症状不明显，并且是一过性的。

【剖检病变】剖检病变为心脏肿大，心外膜增厚、充血，表面有纤维素性渗出物覆盖。肝脏肿大，颜色变浅，表面覆盖有纤维素。气囊膜增厚，腹腔浆膜和肠系膜静脉充血，表面覆盖泡沫状白色纤维素性渗出物。

【防治方法】四环素、土霉素、金霉素对该病都有很好的治疗效果，剂量为每100千克饲料中加20～30克。红霉素每100千克饲料中加5～10克或1L水中加0.1～0.2克，连用3～5天。

十 鸡败血性支原体病

该病是由霉形体（支原体）引起的鸡的一种慢性呼吸道性、

消耗性传染病。鸡舍通风不良、氨气浓度过高，鸡群密度过大，潮湿拥挤，疫苗免疫应激，营养缺乏，气候突变，其他疾病继发，都是引起发病与流行的因素。若有大肠杆菌病并发，死亡较多，造成严重的经济损失。

【流行特点】本病感染率高，几乎所有的鸡群皆有不同程度的感染，一年四季均可发生，但主要以冬、春季节较为严重，特别是环境条件差时，鸡感染4~21天后发病。

【临床症状】本病的症状有咳嗽、流鼻液、气管啰音、结膜炎等。幼龄肉鸡的症状较成年鸡明显。采食量和生产速度降低，如果复合感染，死亡率可达30%。

【剖检病变】剖检可见喉头、气管内充有透明或混浊的黏液，黏膜表面有灰白色干酪样物，肺充血、水肿，气囊壁上有黄色干酪样渗出物。单独感染时，内脏器官无明显变化，但有时脾脏肿大达正常的4~5倍。

【防治方法】治疗主要用抗生素，早期治疗1~3天即可痊愈。具体用法如下：

1）泰乐菌素0.1%加入饲料中或0.05%加入水中饮用，首次用药一周，隔一周后再用药一周。

2）每千克饲料中添加土霉素2~4克。

3）红霉素类抗生素、喹诺酮类抗生素效果很好。

4）投给一些维生素，以保持鸡群有强健的体质。

5）鸡舍要卫生、通风，发病鸡群的鸡舍要彻底消毒；喂鸡要采用科学的饲料配方。

第四节　鸡寄生虫病

一　鸡球虫病

鸡球虫病是由一种单细胞的寄生原虫引起的。球虫类型有9种。2月龄内的雏鸡感染球虫后会有较高的死亡率。球虫从粪便中排出，在垫料里发育。球虫在鸡体内的潜伏期为4~6天。

【临床症状】病鸡食欲明显下降，精神委顿，缩颈闭目，呆立一隅，可视黏膜苍白，饮水增加，腹泻，轻者排出带血粪便，重者为鲜红色的血便，有时血便呈暗红色，泄殖腔周围的羽毛被粪便沾污，羽毛松乱。

【剖检病变】肠壁增厚，肠黏膜充血，肠壁上有白色结节，肠腔内黏液增多，少见肠道出血。

【防治方法】平养鸡应保持垫料干燥、清洁；笼养鸡要保证饲料、饮水不受鸡粪污染。平养鸡在育雏、育成过程中，根据垫料情况，可在饲料中混入抗球虫药（如氯胍等），且药物要交替使用。鸡群一旦发生球虫病，要在饲料中加入足量（允许的最大量）的抗球虫药，如每吨饲料中加入40克氯胍。在治疗的同时，每只鸡每天补加维生素1～2毫克，清鱼肝油10～20毫升或维生素A、维生素D粉适量，并适当增加多维用量。

二 鸡蛔虫病

鸡蛔虫病是由鸡蛔虫寄生在小肠内而引起的一种线虫病，常发生于卫生不良的鸡场，主要危害3～10月龄内的鸡，1年龄以上的鸡常为带虫者，一般不显症状，平养鸡比笼养鸡容易感染。温暖季节发病率高。饲养管理不善、饲料中维生素缺乏（尤其是维生素A和核黄素缺乏）等可促使发病，影响鸡的生长发育。

【临床症状】轻度感染时常无明显的临床症状。严重感染时，幼鸡表现为食欲减退，精神萎靡，行动迟缓，翅膀下垂，羽毛松乱，冠和小腿苍白，腹泻，躯体逐渐消瘦。感染极严重者的粪便可能血染，有时麻痹，常因极度衰弱而死亡。成年鸡一般不会发生严重感染，个别严重感染者表现瘦弱、贫血、产蛋减少和不同程度的腹泻。

【剖检病变】剖检病鸡时，可于大、小肠内发现成虫。感染严重时，成虫大量聚集，可能发生肠阻塞或肠破裂，偶尔在输卵管和鸡蛋中也能发现虫体。

【防治方法】

(1) 预防 实行全进全出制。注意做好鸡群的卫生工作，鸡舍和运动场的粪便要经常清扫，并将粪便堆在远离鸡舍的偏僻场所，进行生物热消毒，以杀死虫卵。鸡舍内垫草要勤换，换下的垫草最好烧毁或与粪便一起堆沤进行无害化处理。幼龄鸡与成年鸡分群饲养，避免混养，以防交叉感染。加强饲养管理，饲料中要含有足够的动物性蛋白质和维生素A、核黄素，以提高鸡体对寄生虫的抵抗力。

(2) 治疗 治疗常用的药物有：

① 枸橼酸哌嗪（驱蛔灵）。按每千克体重投服200~300毫克；在大群驱虫时可将药物研细，按0.2%~0.4%均匀地混入粉料中喂服，每天3次。一般于用药后3小时开始排虫，8小时以内虫体基本排完。通常在傍晚时给药，次日早晨将鸡群放入运动场后清扫鸡舍，并将排出的虫体和鸡粪堆沤进行生物热消毒。但按上述用药剂量对驱除幼虫效果不好，为驱除幼虫可将用药量增至每千克体重1.5~2克。此药的优点是安全，副作用轻微。

② 左旋咪唑。口服量是每千克体重25毫克，大群驱虫时，可拌入少量饲料中饲喂。

③ 硫化二苯胺。幼鸡每千克体重喂服0.3~0.5克，成年鸡每千克体重用0.5~1克，混合在饲料中连喂2天。

为达到彻底驱虫的效果，经口投药前要求停食3~4小时，用药后要及时清扫粪便，并将粪便进行生物热消毒处理，如能在用药一周后再用药一次效果更好。

三 鸡螨

螨俗称疥癣虫，又称红螨，是蜘蛛纲的一种小虫。鸡螨有20多种，会咬鸡吸血。轻者雏鸡生长发育停滞，成年鸡产蛋率下降；重者引起消瘦、贫血以致死亡。发现鸡冠发黄或发白的鸡应及时检查灭螨。

取速灭杀丁（又叫杀灭菊酯、速灭菊酯、速灭虫净）乳油

1 毫升，加水 10 升，给鸡体药浴（鸡头露出水面，反复提摆，使羽毛充分湿透），并喷洒窝舍、栖架、产蛋箱、墙壁及砖瓦缝隙等吸血螨可能藏匿之处，使鸡体灭虫与环境灭虫同步进行。此药触杀力十分强大，且有杀卵作用，一次即能根治。如果将稀释的药液喷洒在沙堆或木屑上，让鸡自由地进行“沙浴”或“木屑浴”，预防效果非常好，且用法简便安全。或按 50 克百部草加 1 升水的比例，文火煮沸半小时，用滤出液给鸡洗澡并喷洒环境，效果亦佳。

鸡对敌百虫特别敏感，毒性大，极易中毒，不得使用。

四 鸡组织滴虫病

鸡组织滴虫病又名盲肠肝炎或黑头病，最易发生于两周至三四月龄以内的雏鸡和育成鸡。

【临床症状】本病的潜伏期一般为 15～20 天。病鸡精神委顿，食欲不振，缩头，羽毛松乱。头皮呈紫蓝色或黑色，所以叫黑头病。病情发展下去，患病鸡精神沉郁，单个呆立在角落处，站立时双翼下垂，眼闭，头缩进躯体，卷入翅膀下，行走如踩高跷步态。病程通常有两种：一种是最急性病例，常见粪便带血或完全血便；另一种是慢性病例，患病火鸡排浅黄色或浅绿色粪便，鸡的这种情况很少见。

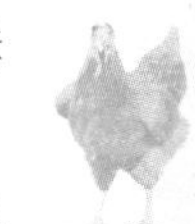

【剖检病变】剖检可见盲肠发炎，表面覆盖有黄色或黄灰色渗物，并有特殊恶臭。有时这种黄灰绿色干酪样物充塞盲肠腔，呈多层的栓子样。外观呈明显的肿胀和混杂有红、灰、黄等颜色。肝脏出现颜色各异、不整圆形稍有凹陷的溃疡灶，通常呈黄灰色或是浅绿色。溃疡灶的大小不等，一般为 1～2 厘米的环形病灶，也可能相互融合成大片的溃疡区。

【防治方法】主要可以采取以下的方法进行治疗：

（1）卡巴砷 混料饲喂，预防量为 150～200 毫克/千克；治疗量为 400～800 毫克/千克。

（2）4-硝基苯砷酸 混料饲喂，预防量为 187.5 毫克/千克，治疗量为400～800毫克/千克。

(3) 1, 2-二甲基-5-硝基咪唑 混料饲喂，预防量为150～200毫克/千克，治疗量为400～800毫克/千克。

(4) 氯苯砷 每千克体重1～1.5毫克，用灭菌蒸馏水配成1%的溶液静脉注射，必要时3天后重复一次。

(5) 呋喃唑酮 饲料中含量为400毫克/千克，连喂7天为一个疗程。

(6) 甲硝哒唑（灭滴灵） 适量用法：配成0.05%的水溶液饮水，连饮7天后，停药3天，再饮7天。

(7) 氯胍 混料饲喂，将3.3克氯苯胍拌入100千克饲料中喂服，连喂1周，停药1周后再喂1周。说明：产蛋鸡禁用。

第五节 其他疾病

一 食盐不足或食盐中毒

对于果园林地的放养鸡群，要注意食盐不足的问题。可以在鸡群常出入的地方放上装有碳酸钙、沙砾和食盐等混合物的料槽，让鸡群自由采食。食盐虽然是日粮中必不可少的成分之一，但添加0.3%～0.5%就足够了。使用咸鱼粉或饮水中含有较高的盐分，鸡日粮中食盐的添加量应酌情减少，以防造成鸡食盐中毒。

二 有机磷农药中毒

有机磷农药在农业生产上已广泛应用，由于管理不善，鸡误食了含有这些农药的饲料或饮水而引起中毒。如在保管、购销及运输中包装破损；农药和饲料未严格分开管理，致使毒物撒落或通过其媒介污染饲料；误用盛农药的容器装饲料或饮水；田间喷施农药时污染了周围的饲草、饲料；鸡误食拌有有机磷农药的谷物种子，或鸡误食拌有农药的灭鼠饵等而发生中毒。

养鸡户常备药物有碘解磷定和氯解磷定。按照商品说明书使用。

三 啄癖

鸡的啄癖多发于群养鸡。啄癖的类型主要包括啄羽癖、啄肛癖、食蛋癖和异嗜癖。它的发生，不分季节，不分日龄，无论蛋鸡、肉鸡或种鸡，无论平养或笼养，均可发生。表现为攻击伤害同群鸡，同类残食，自食或争食所下的蛋，以至吞食各种不应食的异物。鸡群中一旦发生啄癖，诸鸡效法。严重时，啄癖率可达80%以上，死亡率可高达50%。

【病因】引起鸡啄癖的诱因主要有以下几种：

① 日粮中营养成分不足，或各种营养物质比例失当。

② 养鸡环境不佳，饲养管理失当。

③ 患有寄生虫病，鸡因有痒感而自啄，一旦出血便会迅即招来群鸡争啄。

④ 鸡和雏鸡在换羽生出新毛芽时，皮肤发痒，自啄解痒时偶尔啄伤出血，也能招来群鸡争啄。

【预防】

① 喂给全价营养的配合饲料，并补喂沙砾，提高鸡的消化率。

② 适时断喙和修喙，在7～10日龄时进行断喙是防治啄癖较好的一种方法。

③ 根据具体情况，对内寄生虫进行预防性驱虫，并及时消灭体表寄生虫。

【治疗】

（1）查清原因 主要是查日粮中各种营养成分（包括各种维生素及微量元素）是否达到饲养标准；查温度、湿度、饲养密度、光照、空气等环境条件是否合适；查组群是否合理；查给料、给水是否按时，等等。然后针对原因，确定具体解决方案。对少数病态明显、具有异嗜癖的鸡应及早淘汰。

（2）对症治疗 用硫酸亚铁和维生素 B_2 治疗啄羽有显著效果。体重500克以上的鸡，每只每次服硫酸亚铁片0.9克，维生素 B_2 2.5毫克，每天2～3次，连服3～4天；在鸡的日粮中加入

1%的硫酸钠或1%～2%的石膏粉（市售的天然石膏），直至啄癖消失。或者对15日龄左右的雏鸡，按每只每次给土霉素25毫克、干酵母150毫克、麦芽粉100毫克，拌入日粮中饲喂，每天3次，连用6天。被啄的伤口擦涂消毒药液或杀菌药膏，如樟脑油、碘酊、紫药水和鱼石脂软膏等。待伤口痊愈、没有渗出液时，再送回原群饲养。在日粮中加入3%的羽毛粉或0.2%的蛋氨酸，直至啄癖消失为止。

（3）对顽固病群的措施 经治疗无效的顽固病群，可在放养场内设沙浴坑、稻草捆或悬挂野草、青菜等，设法诱鸡多活动，以分散鸡的注意力，使其恢复正常的生理功能。

附　录

附录 A　土鸡的免疫程序

日　龄	疫苗和接种方法
1	皮下注射马立克氏病疫苗（一般在孵化场免疫）
7	新-支 H_{120}点眼 2 倍量
10	法氏囊疫苗 1.5 倍滴口
17	新-支肾疫苗 3 倍饮水
20	鸡痘刺种
27	法氏囊多价苗 3 倍饮水
30	禽流感疫苗 0.35 毫升皮下注射
50	禽流感双价疫苗 0.5 毫升皮下注射
60	新城疫克隆Ⅳ系疫苗 2 倍注射
80	新-支 H_{52}疫苗 3 倍饮水
110	新城疫Ⅳ系疫苗 3 倍饮水

附录 B　禽病诊断简表（附表 B-1、附表 B-2）

附表 B-1　常见症状提示的禽病

临 床 症 状	提示的主要疾病
饮水量剧增	长期缺水、热应激、球虫病早期、饲料中食盐太多、其他热性疾病
饮水量明显减少	湿度太低、濒死期
红色粪便	球虫病、出血性肠炎、肛门受伤
白色黏性粪便	白痢病、痛风、尿酸盐代谢障碍、传染性支气管炎

（续）

临床症状	提示的主要疾病
硫黄样粪便	组织滴虫病（黑头病）
黄绿色带黏液粪便	新城疫、禽流感、出血性败血症、卡氏白细胞原虫病
水样稀薄粪便	饮水过多、饲料中镁离子过多、轮状病毒感染
病程短、突然死亡	出血性败血症、卡氏白细胞原虫病、中毒
死亡集中在中午到午夜前	中暑
瘫痪、一脚向前一脚向后	马立克氏病
1月龄内雏鸡瘫痪，头颈震颤	传染性脑脊髓炎、新城疫
扭颈、抬头望天、前冲后退、转圈运动	新城疫、维生素E和硒缺乏、维生素B_1缺乏
颈麻痹、平摊在地上	肉梭毒素中毒
趾向内卷曲	维生素B_2缺乏
腿骨弯曲、运动障碍、关节肿大	维生素D缺乏、钙磷缺乏、病毒性关节炎、滑膜支原体病、葡萄球菌病等
瘫痪	笼养蛋鸡疲劳症、维生素E或硒缺乏、新城疫、濒死期
高度兴奋、不断奔走鸣叫	药物、毒物中毒初期
张口伸颈呼吸、有怪叫声	新城疫、传染性喉气管炎、传染性支气管炎、禽流感
冠有痘痂、痘斑	鸡痘、皮肤创伤
冠苍白	卡氏白细胞原虫病、白血病、贫血、营养缺乏
冠呈紫蓝色	败血症、中毒病、濒死期
冠有白色斑点或斑块	冠癣
冠萎缩	白血病、喹乙醇中毒、庆大霉素中毒
肉髯水肿	慢性出血性败血症、传染性鼻炎
肉髯有白色斑点或白色斑块	冠癣
眼结膜充血	中暑、传染性喉气管炎、眼部感染等
眼虹膜褪色、瞳孔缩小	马立克氏病

（续）

临床症状	提示的主要疾病
眼角膜晶状体混浊	传染性脑脊髓炎、马立克氏病、禽流感
眼结膜肿胀、眼睑下有干酪样物	大肠杆菌病、慢性呼吸道病、传染性喉气管炎、沙门氏菌病、曲霉菌病、维生素A缺乏等
喙角质软化	钙磷或维生素D等缺乏
喙交叉，上弯、下弯、畸形	营养缺乏、遗传性疾病、光过敏
口腔内黏膜坏死、有伪膜	禽痘、毛滴虫病
口腔内有带血黏液	卡氏白细胞原虫病、传染性喉气管炎、急性出血性败血症、新城疫、禽流感
羽毛短碎、脱落	啄癖、体外寄生虫、换羽季节、营养不良
羽毛边缘卷曲	维生素B_2缺乏、锌缺乏
脚鳞片隆起、有白色痂片	螨虫
脚底肿胀	鸡趾瘤
脚出血	创伤、啄癖、禽流感
皮肤有紫蓝色斑块	维生素E缺乏、生物素缺乏、体外寄生虫
皮肤有痘痂、痘斑	禽痘
皮肤出血	维生素K缺乏、卡氏白细胞原虫病、中毒等
皮下气肿	阉割、注射等剧烈活动等引起气囊破裂
眼流泪、眼内有虫体	眼线虫病、眼吸虫病
鼻有黏性或脓性分泌物	传染性鼻炎、慢性呼吸道病等
畸形蛋	新城疫、鸡传染性支气管炎、减蛋综合征、初产蛋、老龄蛋
软壳蛋、薄壳蛋	钙磷比例失调、维生素D缺乏、新城疫等
粗壳蛋	新城疫、传染性支气管炎、钙过多、老龄蛋、禽流感
黄壳蛋	大量使用四环素或某些带黄色易沉积的物质
花斑壳蛋	遗传因素、产蛋箱不清洁、霉菌感染
气室松弛	传染病、陈旧蛋
蛋白有异味	鱼粉、药物、蛋腐败

（续）

临床症状	提示的主要疾病
蛋内有血斑、肉斑	生殖道出血、维生素A缺乏、遗传因素
产蛋率突然下降	产蛋综合征、新城疫、高温环境、中毒、使用了某些药物等

附表 B-2　常见病理变化提示的禽病

病理变化	提示的主要疾病
胸骨S状弯曲	维生素D缺乏、钙磷缺乏或比例不当
胸骨囊肿	滑膜囊支原体病，地面不平整
肌肉过分苍白	死前放血、贫血、内出血、卡氏白细胞原虫病、脂肪肝
肌肉干燥、无黏性	失水缺水、肾型传染性支气管炎、痛风等
肌肉有白色条纹	维生素E和硒缺乏
肌肉出血	传染性囊病、卡氏白细胞原虫病、黄曲霉毒素中毒、维生素E和硒缺乏等
肌肉有大头针帽大小的白点	卡氏白细胞原虫病
肌肉腐烂	葡萄球菌、厌气杆菌感染
腹水过多	腹水综合征、肝硬化、黄曲霉毒素中毒、大肠杆菌病
腹腔内有血液或凝血块	内出血、卡氏白细胞原虫病、白血病、脂肪肝
腹腔内有纤维素或干酪样附着物	大肠杆菌病、鸡毒支原体病
气囊膜混浊并有干酪样附着物	鸡毒支原体病、大肠杆菌病、新城疫、曲霉菌病等
心肌有白色小结节	白痢杆菌病、马立克氏病、卡氏白细胞原虫病
心肌有白色坏死条纹	禽流感等
心冠沟脂肪出血	出血性败血症、细菌性感染、中毒病等
心包粘连、心包液混浊	大肠杆菌病、鸡毒支原体病
心包液及心肌上有尿酸盐沉积	痛风

（续）

病 理 变 化	提示的主要疾病
肝脏肿大、有结节	马立克氏病、白血病、寄生虫病、结核病
肝脏肿大，有点状或斑状坏死	出血性败血症、鸡白痢、组织滴虫病
肝脏肿大，有伪膜，有出血点、出血斑、血肿和坏死点等	大肠杆菌病、鸡毒支原体病、鸭瘟、弯杆菌肝炎、脂肪综合征
肝硬化	慢性黄曲霉毒素中毒、寄生虫病
肝胆管内有寄生虫	吸虫病
脾脏肿大，有结节	白血病、马立克氏病、结核病
脾脏肿大，有坏死点	鸡白痢、大肠杆菌病
脾脏萎缩	免疫抑制药物、白血病
胰脏有坏死	新城疫、禽流感
食道黏膜坏死或有伪膜	毛滴虫病、念珠球菌病、维生素 A 缺乏
腺胃呈球状增厚、增大	马立克氏病、传染性腺胃炎、网状内皮组织增殖病
腺胃内有小坏死结节	鸡白痢、马立克氏病、滴虫病
腺胃乳头出血	新城疫、禽流感、马立克氏病
肌胃肌层有白色坏死结节	鸡白痢、马立克氏病、传染性脑脊髓炎
小肠黏膜充血、出血	新城疫、禽流感、球虫病、禽霍乱
小肠壁有小结节	鸡白痢、马立克氏病
小肠肠腔内有寄生虫	线虫病、绦虫病
盲肠黏膜出血，肠腔内有鲜血	球虫病
盲肠出血、溃疡，内有干酪样物	组织滴虫病
泄殖腔水肿、充血、出血、坏死	新城疫、禽流感等

（续）

病理变化	提示的主要疾病
喉头黏膜充血、出血	新城疫、禽流感、传染性喉气管炎、出血性败血症
喉头有环状干酪样物附着，易剥离	脆弱性喉气管炎、慢性呼吸道病
气管、支气管黏膜充血、出血	传染性支气管炎、新城疫、禽流感、寄生虫感染等
气管、支气管内黏液增多	呼吸道感染
肺内或表面有黄色、黑色结节	曲霉菌病、结核病、鸡白痢
肺有细小结节，呈肉样	马立克氏病、白血病
肺瘀血、出血	卡氏白细胞原虫病
肾脏肿大，有结节状突起	白血病、马立克氏病
肾脏出血	卡氏白细胞原虫病、脂肪肝综合征、中毒等
肾脏肿大，有尿酸盐沉积	传染性支气管炎、传染性囊病、磺胺类药物中毒、痛风
输尿管内有尿酸盐沉积	传染性支气管炎、传染性囊病、磺胺类药物中毒、痛风
法氏囊肿大、出血、渗出	新城疫、禽流感、白血病等

附录C　常见计量单位名称与符号对照表

量的名称	单位名称	单位符号
长度	千米	km
	米	m
	厘米	cm
	毫米	mm
面积	平方千米（平方公里）	km^2
	平方米	m^2

（续）

量的名称	单位名称	单位符号
体积	立方米	m^3
	升	L
	毫升	mL
质量	吨	t
	千克（公斤）	kg
	克	g
	毫克	mg
物质的量	摩尔	mol
时间	小时	h
	分	min
	秒	s
温度	摄氏度	℃
平面角	度	(°)
能量，热量	兆焦	MJ
	千焦	kJ
	焦［耳］	J
功率	瓦［特］	W
	千瓦［特］	kW
电压	伏［特］	V
压力，压强	帕［斯卡］	Pa
电流	安［培］	A

参考文献

[1] 李英，谷子林．规模化生态放养鸡 [M]．北京：中国农业大学出版社，2005.

[2] 李国强，吕瑞霞，叶伟成．果园养鸡需注意的几个问题 [J]．兽药与饲料添加剂，2000（3）：6.

[3] 吴家富．浅谈山林果园养鸡的防疫工作 [J]．广西畜牧兽医，2007（6）：278-279.

[4] 黄克明．永福县林下养鸡防疫工作存在的问题与对策 [J]．养禽与禽病防治，2012（5）：34-36.

[5] 徐新柏．影响林地果园养鸡效益的问题 [J]．猪业观察，2012（13）：17.

[6] 瞿建梅．提高果园养鸡成活率的措施 [J]．农村科技，2004（3）：11-12.

[7] 章红兵．提高果园养鸡成活率的措施 [J]．山东家禽，2001（3）：18-19.

[8] 于长春．果园养鸡简易鸡舍的建造方法 [J]．养禽与禽病防治，2010（11）：12-13.

[9] 赵从民．果园养鸡有七大好处 [J]．河北农业，2002（4）：27.

[10] 杨宁．现代养鸡生产 [M]．北京：北京农业大学出版社，1994.

[11] 时伟成，王永兴，李国强．提高果园养鸡效益的浅见 [J]．中国家禽，2002（19）：31-32.

[12] 吴南平，卢群仙，吕中叶．农村放养鸡应注意的技术环节 [J]．浙江畜牧兽医，2002（2）：38.

[13] 邱位木．浅谈土杂鸡放养技术措施 [J]．江西畜牧兽医杂志，2004（5）：12.

[14] 陶克容．适合浅丘农村推广的优质高效养殖土鸡新技术 [J]．中国禽业导刊，2000（19）：21.

[15] 李伟立．调整饲料使肉鸡味似土鸡 [J]．养殖技术顾问，2002（1）：20.

[16] 陈远见．土鸡坡地规模围养技术 [J]．四川农业科技，2002（5）：21-22.

[17] 汪登秀. 重庆市林下养鸡产业的优点及发展对策 [J]. 现代农业科技, 2010 (7): 354.
[18] 毕延清. 林园生态养鸡技术 [J]. 畜牧与饲料科学, 2009 (5): 173-174.
[19] 刘丽, 万德顺. 农村庭院适度规模养鸡技术 [J]. 贵州畜牧兽医, 2001 (1): 38.
[20] 冯善祥. 提高养鸡经济效益的措施 [J]. 山东畜牧兽医, 2002 (3): 11-12.
[21] 郭建, 杨春佩. 山地养鸡的饲养管理技术 [J]. 湖南畜牧兽医, 2005 (1): 27-28.
[22] 陆保光, 闫军营, 李凌. 林草间作围网养鸡模式的探讨 [J]. 畜牧兽医杂志, 2002 (5): 24.
[23] 班镁光, 周泽英, 王平, 等. 林下和灌丛草地养鸡新模式 [J]. 当代畜牧, 2003 (6): 3.
[24] 王涛, 王兆华, 张德学. 山地放牧养鸡技术 [J]. 猪业观察, 2003 (22): 17.
[25] 郑长山, 李英, 魏中华, 等. 放养鸡常见疾病及防治措施 [J]. 养禽与禽病防治, 2005 (12): 37-39.

书　目

书名	定价	书名	定价
高效养土鸡	26.8	绒山羊高效养殖与疾病防治	25
果园林地生态养鸡	26.8	羊病诊治你问我答	19.8
高效养蛋鸡	19.9	羊病临床诊治彩色图谱	59.8
高效养优质肉鸡	19.9	牛羊常见病诊治实用技术	26.8
优质鸡健康养殖技术	29.8	高效养肉牛	26.8
果园林地散养土鸡你问我答	19.8	高效养奶牛	22.8
鸡病诊治你问我答	22.8	高效养淡水鱼	25
鸡病快速诊断与防治技术	25	高效池塘养鱼	25
鸡病鉴别诊断图谱与安全用药	39.8	鱼病快速诊断与防治技术	19.8
鸡病临床诊断指南	39.8	高效养小龙虾	19.8
肉鸡疾病诊治彩色图谱	49.8	高效养小龙虾你问我答	20
图说鸡病诊治	35	高效养泥鳅	16.8
高效养鹅	25	高效养黄鳝	16.8
鸭鹅病快速诊断与防治技术	25	黄鳝高效养殖技术精解与实例	19.8
畜禽养殖污染防治新技术	25	泥鳅高效养殖技术精解与实例	16.8
图说高效养猪	39.8	高效养蟹	22.8
高效养高产母猪	26.8	高效养水蛭	22.8
高效养猪与猪病防治	25	高效养肉狗	26.8
快速养猪	26.8	高效养黄粉虫	25
猪病快速诊断与防治技术	25	高效养蛇	29.8
猪病临床诊治彩色图谱	59.8	高效养蜈蚣	16.8
猪病诊治 160 问	25	高效养龟鳖	19.8
猪病诊治一本通	22.8	蝇蛆高效养殖技术精解与实例	15
猪场消毒防疫实用技术	19.8	高效养蝇蛆你问我答	12.8
生物发酵床养猪你问我答	25	高效养獭兔	25
高效养猪你问我答	19.9	高效养兔	25
猪病诊治你问我答	25	高效养肉鸽	25
高效养羊	25	高效养蝎子	19.8
高效养肉羊	26.8	高效养貂	26.8
肉羊快速育肥与疾病防治	25	图说毛皮动物疾病诊治	29.8
高效养肉用山羊	25	高效养蜂	25
种草养羊	29.8	高效养中蜂	25
山羊高效养殖与疾病防治	29.9	高效养蜂你问我答	19.9